北京市高等教育精品教材立项项目

21世纪高等职业教育
国家示范校重点专业

U0680600

Java
开发入门与项目实战

杨洪雪　韩丽萍　编著

人民邮电出版社

北京

图书在版编目（CIP）数据

Java开发入门与项目实战 / 杨洪雪，韩丽萍编著
—— 北京 ：人民邮电出版社，2010.2

（21世纪高等职业教育电子信息类规划教材）
ISBN 978-7-115-21152-1

Ⅰ．①J… Ⅱ．①杨… ②韩… Ⅲ．①
JAVA语言－程序设计－高等学校：技术学校－教材 Ⅳ.
①TP312

中国版本图书馆CIP数据核字(2009)第160079号

内 容 提 要

本书详细介绍了 Java 面向对象程序的基础知识和项目开发的基本技术，主要内容包括开发入门、面向对象设计、图形用户界面（GUI）设计、网络通信功能、文件传输功能、线程编程、数据库编程和综合项目开发。

本书贯穿了一个典型的网络聊天系统的设计和开发案例，完整地体现了一个网络应用系统的对象定义、对象建模和模型转换为编码的基本开发流程。书中设计了技能训练、项目学做、实战练习递进式的技能训练体系，按照由简单技能到复杂技能、由单一技能到综合技能的规律，训练和提高学生的编程能力，在递进式的技能训练体系中培养学生的项目操作能力。本书的案例源码均在开发环境下调试通过。

本书可作为高职高专院校相关专业的教材、社会 Java 编程培训班教材和广大编程人员自学的实用指导书。

国家示范校重点专业建设成果教材
21 世纪高等职业教育电子信息类规划教材

Java 开发入门与项目实战

◆ 编　著　杨洪雪　韩丽萍
　　责任编辑　姚予疆
　　执行编辑　王朝辉

◆ 人民邮电出版社出版发行　　北京市崇文区夕照寺街 14 号
　　邮编　100061　电子函件　315@ptpress.com.cn
　　网址　http://www.ptpress.com.cn
　　北京昌平百善印刷厂印刷

◆ 开本：787×1092　1/16
　　印张：15.5
　　字数：397 千字　　　　　　　　2010 年 2 月第 1 版
　　印数：1—4 000 册　　　　　　　2010 年 2 月北京第 1 次印刷

ISBN 978-7-115-21152-1

定价：30.00 元

读者服务热线：(010)67129264　印装质量热线：(010)67129223
反盗版热线：(010)67171154

丛书编委会

序言

为贯彻落实 2005 年国务院《关于大力发展职业教育的决定》，以及 2006 年教育部《关于全面提高高等职业教育教学质量的若干意见》，"十一五"期间，国家启动了示范性高等职业院校建设计划，并在高等职业教育领域开展了质量工程建设，标志着我国高等职业教育进入到了一个追求内涵发展的新阶段。在中国经济社会高速发展的今天，高等职业教育必须把培养学生基本技术技能和综合职业能力放在突出的地位，紧密结合生产实际，并及时跟踪主流技术，只有这样才能与经济社会发展紧密结合，从而成为经济发展与社会进步的最有效的"引擎"。

高等教育可以有两种学习模式：一种以策划和设计为目标，通常先系统学习理论知识，打好基础再实践；另一种侧重于应用的学习，贯彻"做学"的理念，从实际应用入手，随着技术技能的提高，逐步扩充理论知识。高职教育是以培养高素质技能型专门人才为目标，显然适合运用第二种学习模式，但目前高职教材以第一种学习模式居多，这也成为高职教学改革面临的重要任务。本着符合高职教学改革的需要，北京电子科技职业学院组织骨干教师和相关企业专家一起，校企合作共同开发了本套 21世纪高等职业教育电子信息类规划教材。本套教材是高职课程改革的成果，其编写宗旨是：

1．以满足企业工作需求为出发点

本套教材以满足企业工作需求为出发点，以掌握工程化和规范化的电子信息技术为基本要求，以实际应用案例为素材，以培养职业能力为目标。在内容选取和组织上注意高职学生的就业创业需求，力图使学生掌握专门技能，解决实际问题。

2．强调企业主流和核心技能培养

每本教材的内容都与相应岗位工作密切相关，着重培养的专业基本技能都是企业正在使用的主流和核心技能，要求学生必须掌握，并能应用于解决实际工作问题。

3．以来自企业的实际工作任务为基础

本套教材基于企业的工作任务，任务的复杂度逐级递进，并适当将多个任务组成一个工程项目，每本教材都以一个实用工程项目为背景组织课程内容。学生通过实践这些工程项目，学习必备理论知识，体验实际工作过程，积累项目开发经验，培养职业能力。

本套教材凝聚了北京电子科技职业学院骨干教师和企业专家的心血，是校企深度合作的成果。由于高职教育还在不断发展中，在教材的编写中难免出现问题，恳请使用这套教材的师生提出宝贵意见和建议，共同为我国高职教育事业做出积极贡献。

高林

2009.11.

前言

　　本书是北京市精品课程"网络应用程序开发"的配套教材,是国家示范校性建设院校重点建设专业计算机网络技术专业的特色教材,是创新教学方法、强化操作技能的实验教材。本书适合作为高职高专院校计算机专业教材,也可以作为培训教材使用。

　　Java 语言具有面向对象、与平台无关、安全、稳定和多线程等特点。它不仅可以用来开发大型的应用程序,而且特别适合开发网络应用程序。基于 Java 语言的网络应用开发技术,已经成为大、中型企业级网络开发的首选。

　　本书是作者在总结多年网络应用开发实践和教学经验的基础上编写的。在本书的整个教学过程中,贯穿一个典型的网络聊天系统的设计和开发案例,完整体现了一个网络应用系统的对象定义、对象建模和模型转换为编码的基本开发流程。教材中的各子项目从简到难,各子项目之间既独立又相互关联,各子项目叠加后形成一个复杂完整的网络开发项目。本书作为"项目驱动、任务教学、理论实践一体化"教学方法的载体,主要有以下特色。

1．以就业为导向，面向网络开发岗位

　　本教材面向网络应用开发岗位,根据岗位需求确定编写内容,按照项目开发的工作过程组织编写。按照企业项目的开发模式,训练项目开发的核心技能,培养学生的职业素养和职业能力。

2．递进式的技能训练体系

　　教材中设计了技能训练、项目学做、实战练习递进式的技能训练本系,按照由简单技能到复杂技能、由单一技能到综合技能的规律,训练和提高学生的编程能力,在不同难度层次的项目开发中培养学生的项目操作能力。

3．精心设计和讲解教学任务

　　本教材围绕实用项目,针对重点和难点精心设计了技能训练和项目学做的教学任务。每个技能训练的讲解主要按照【训练任务】、【技能要点】、【任务分析】、【程序实现】4 个环节详细展开,聊天室项目的每个项目学做的讲解,主要按照【需求分析】、【解决方案】、【关键步骤与代码】、【运行结果】4 个环节详细展开。

　　读者还可以结合配套的资源进行学习,本书赠送的案例源码等配套资源可在 www.ptpress.com.cn 网站下载。

　　本书由北京电子科技职业学院杨洪雪、韩丽萍老师主编,黄利明、李云玮老师参编,其他参与

资料整理和程序调试的有董义革、王萍、陈涵、赵凯、龙漪老师，在此表示衷心的感谢！由于编者经验有限，书中难免会有疏漏和不足之处，敬请读者和同行们予以批评指正。

作者

学时分配表

内　　容	学　　时
第 1 章　开发入门	16
第 2 章　面向对象设计（1）	8
第 3 章　面向对象设计（2）	8
第 4 章　面向对象设计（3）	8
第 5 章　聊天室图形用户界面（GUI）设计	20
第 6 章　聊天室的网络通信功能	8
第 7 章　聊天室的文件传输功能	14
第 8 章　聊天室的多人在线聊天功能	8
第 9 章　聊天室中的数据库功能	12
第 10 章　应用开发——机房计费系统	6
总计	108

目录

第 1 章 开发入门

第 2 章 面向对象设计（1）

第 3 章 | 面向对象设计 (2)

第 4 章 | 面向对象设计 (3)

第5章 聊天室图形用户界面（GUI）设计

第6章 聊天室的网络通信功能

第 7 章　聊天室的文件传输功能

第 8 章　聊天室的多人在线聊天功能

第 9 章　聊天室中的数据库功能

第 10 章　应用开发——机房计费系统

参考文献

第1章 开发入门

本章简介

如何在计算机上编写并运行一个 Java 程序，是每一个初学者首先要面对的问题。这一章我们将学习搭建 Java 运行环境的方法与步骤，编写简单的 Java 程序，并且介绍 Java 语言的基本语法。

1.1 项目任务与目标——编写简单的 Java 程序

工作任务

1. 搭建 Java 开发环境
2. 编写一个简单的 Java 程序
3. 打印到屏幕
4. 打印打折后商品的实际价格
5. 收银台的计算程序
6. 数字密码锁的解密程序

技能目标

1. 能够正确安装和配置 Java 运行环境
2. 学会 Java 程序的编写步骤与方法
3. 学会在命令行方式下编译和运行 Java 程序的方法
4. 能够编写简单的 Java 程序
5. 掌握 Java 的数据类型和运算符
6. 掌握 Java 的程序控制语句

本章术语

➢ JDK（Java Development Kit）——Java 开发包
➢ JAVA_HOME 环境变量——Java SDK 路径
➢ Path 环境变量——Java SDK 开发工具路径

1

1.2 搭建 Java 开发环境

1.2.1 安装 JDK

如果想让计算机可以编写并运行 Java 语言程序，就应该在计算机上安装一个 JDK（Java Development Kit），它的另一个名字是 SDK（Software Development Kit）。

如何得到一个 JDK 软件呢？最权威的方式，当然是到 Sun 公司的 Java 语言官方网站上下载最新版的 JDK 软件。

JDK 软件的安装方式和一般软件相同，此处不再赘述。

安装结束后，在计算机上可以看到一个如图 1-1 所示的目录。

图 1-1　JDK 的安装目录

还有一个 JRE 目录，内容如图 1-2 所示。

图 1-2　JRE 的安装目录

如果想了解本计算机安装的 JDK 是什么版本的，可以在命令行运行方式下输入下列命令。

```
java -version
```

显示结果如图 1-3 所示。

图 1-3　显示 JDK 版本

1.2.2　设置运行环境

安装完 JDK 后，需要设置 3 个系统环境变量，具体如下。

```
JAVA_HOME        Java SDK 的路径
Path             Java SDK 开发工具的路径
CLASSPATH        Java 程序所需的*.class 路径(类路径)
```

打开【控制面板】窗口，双击【系统】图标，弹出【系统属性】对话框；另一种方式是在【我的电脑】图标上右击，选择【属性】菜单项，也可以打开【系统属性】对话框，如图 1-4 所示。然后选择【高级】选项卡，单击【环境变量】按钮，即可设置环境变量。我们需要对【系统变量】选项区域中的选项进行设置，如图 1-5 所示。

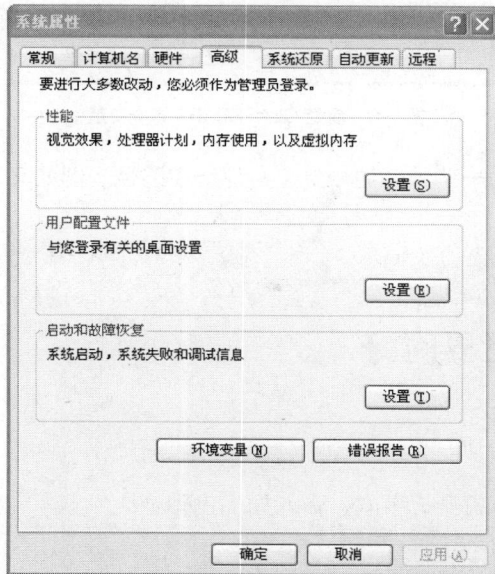

图 1-4　【系统属性】对话框

图 1-5　【环境变量】对话框

1. 设置 JAVA_HOME 环境变量

【系统变量】选项区域中通常没有 JAVA_HOME 变量，可以单击【新建】按钮，打开如图 1-6 所示的对话框。

在【变量名】文本框中输入 JAVA_HOME，【变量值】文本框中输入 SDK 的安装路径，例如，C:\Program Files\Java\jdk1.5.0_04。

图 1-6　新建 JAVA_HOME 环境变量

2．设置 Path 环境变量

【系统变量】选项区域中通常已有 Path 变量（没有请新建），单击【编辑】按钮，打开如图 1-7 所示的对话框。

在【变量值】文本框中输入 Java 开发工具的所在路径，即 bin 文件夹的所在路径。可以填写绝对路径，例如，C:\Program Files\Java\jdk1.5.0_04\bin；或者输入相对路径，由于前面已经定义 JAVA_HOME 变量，所以相对路径是%JAVA_HOME%\bin。

注意：【变量值】文本框中还有一些其他路径，每个路径之间是用 "；" 隔开。

3．设置 CLASSPATH 环境变量

【系统变量】选项区域中通常已有 CLASSPATH 变量（如果没有请新建），单击【编辑】按钮，打开如图 1-8 所示对话框。

图 1-7　编辑 Path 环境变量　　　　　　图 1-8　新建 CLASSPATH 环境变量

在【变量值】文本框中输入在编译程序时所需要的一些外部的*.class 文件所在路径。例如可以填入下面的路径。

```
.;C:\Program Files\Java\j2sdk1.5.0_04\lib\tools.jar;
C:\Program Files\Java\j2sdk1.5.0_04\lib\dt.jar
```

1.2.3　第一个程序——用世界语向世界问好

1．编辑程序

最简单的编辑程序的方式就是用记事本编写程序。打开记事本，输入如下代码。

```java
public class Saluton{
    public static void main(String[] args)    {
        System.out.println("Saluton mondo!");
    }
}
```

输入完成后，保存文件。注意：文件名保存为 **Saluton.java**，保存文件类型为所有文件，字符格式如图 1-9 所示。

图 1-9 保存源文件对话框

2．程序剖析

虽然这个程序只有 3 行，但它却是一个完整的程序。每一行都有其重要的作用。其中：

```
public class Saluton {
    ⋮
}
```

是一个类，是 Java 程序的基本组成部分。在 Java 中，所有功能都是以类的方式实现的。每一个类的声明方式都是相似的，它由修饰词 class 和类名组成。其中类名是编程者自己定义的，而且含有 mdin()方法的类的类名和源程序文件的文件名必须一致。

3．Java 的命名原则

在 Java 中，所有编程者自己命名的标识符名字，只能由字母（a～z，A～Z）、数字（0～9）、下画线（_）和美元符号（$）组成，其中第一个字符不能是数字，而且严格区别大小写字母。

在 Java 的应用程序中，main()方法是这个程序的执行入口。

```
public static void main(String[] args)    {
    ⋮
}
```

无论程序完成的是什么功能，都会先从 main()方法开始，按照 main()方法中的语句，从上到下依次执行，直到程序结束。

在这个程序中，只完成了一个简单的功能，就是在屏幕上输出一个字符串。System.out. println（ "Saluton mondo!"）；语句完成的就是这个输出功能，输出的是双引号中的字符串 Saluton mondo!。这是世界语，意思和 Hello World 相同。

4．编程风格要素

在编写这个程序的过程中要注意编程的风格，这里最主要的是一种缩进式的写法。这样可以使程序更容易被读懂，同时也便于查错。当然，还可以进一步地使程序被理解，就是利用注释。

注释是一段字符串，可以是任何文字（包括中文）。注释用来解释程序，使程序能够被读懂。它不会被执行，它的内容与程序执行无关。

在程序中，可以用下面 3 种方式加入注释。

（1）注释方式 1：//

加单行的注释，//后到本行结束之间的所有文字都被视为注释信息，不会被程序运行。

（2）注释方式 2：

```
/*
    ⋮
*/
```

加多行注释。这之间的所有文字都被视为注释信息，不会被程序运行。

（3）注释方式 3：

```
/**
    ⋮
**/
```

加多行注释。这之间的所有文字都被视为注释信息，不会被程序运行。

5．编译源程序

写好的程序想要执行就要经过编译，变成字节码文件。下面我们就用命令行方式进行程序编译。命令行方式的编译命令如下。

```
javac Saluton.java
```

编译时，如果有错误会在编译信息中提示编译失败，并给出错误信息。这时需要回到源程序进行修改，直到程序没有语法错误后再编译。编译成功后，文件夹内多出一个文件，名为 Saluton.obj，这就是字节码文件。

6．执行程序

编译成功后，就可以执行了，执行程序的命令是：

```
java Saluton
```

执行后，结果如图 1-10 所示。

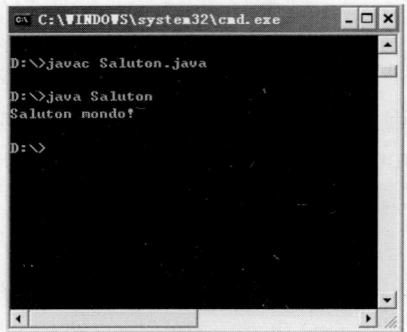

图 1-10　程序的执行结果

1.3 简单程序设计

1.2 节介绍了计算机运行 Java 程序的方法，下面就通过几个实例来介绍用 Java 语言进行程序设计的方法。

1.3.1　打印到屏幕

训练任务

① 编写一段简单的程序，把信息打印到屏幕上。

② 完成一个字符串的输入，并使用输入的结果。

技能要点

① 学会使用 Java 中的基本语句（主要是顺序语句）。
② 学会使用命令行方式的输入语句，可以进行信息交互。
③ 能够写出可以正确运行的源程序。

任务分析

编写程序就是把语句按照一定的格式和次序写在一起，让计算机执行。Java 里的语句可分为以下 5 类。

（1）方法调用语句

这类语句是指调用类库中已经存在的类中的方法，或者是编程者自己写的类的方法，格式如下。

对象名.方法名（实参列表）。

（2）表达式语句

由一个表达式构成一个语句，最典型的是赋值语句，如"x=23；"。

一个表达式的最后加上一个分号就构成了一个语句，分号是语句不可缺少的部分。

（3）复合语句

可以用{}把一些语句括起来构成复合语句。

```
{  z=23+x;
   System.out.println("hello");   }
```

（4）控制语句

控制语句包括选择控制语句和循环控制语句，在后面的实例中，我们将详细说明这两类语句。

（5）package 语句和 import 语句

package 语句是一个包的定义语句。包是 Java 语言中文件的组织形式，对应系统的文件夹。在定义一个类的时候，可能用 package 语句来指定文件所在的包。包定义的语句形式如下。

```
package 包名;
```

import 语句是一个指定引用类的语句。在 Java 中，有很多已经写好的提供给编程者使用的类，我们称之为类库。当编程中使用到类库中的类时，要使用 import 语句告诉编译系统到哪儿去找那些类的定义，并将这些类引入程序中。例如，import java.applet.Applet。

程序实现

这是一段很简单的程序，只需要用到前面提到过的方法调用语句就可以完成，需要调用的方法如下。

```
System.out.println(" Hello");
```

这是一个方法调用语句，调用的是系统提供的一个静态方法，它的作用就是在屏幕上显示括号中的双引号里的内容。

当我们需要把一些信息打印到屏幕上时，就可以利用这个语句完成。例如，打印一些欢迎新同学的信息，程序如下。

```
public class 打印到屏幕 {
    public static void main(String[] args) {
        System.out.println("  欢迎新同学");
        System.out.println("加入我们的集体!");
    }
}
```

运行结果如下。

　　欢迎新同学
加入我们的集体!

1.3.2　打印打折后商品的实际价格

　　商场有一批要打折的商品，需要打印出价签。其中商品名称、原价、是不是打折商品以及折扣都已经给出了。价签中包括商品名称、原价、是不是打折商品。如果是打折商品就要打印折扣及打折后的实际价格，否则就不用打印了。对折扣商品的判断需要使用选择控制语句。

训练任务

　　① 在程序中保存相关的信息。
　　② 根据用户的不同要求，输出不同的结果。

技能要点

　　① 学会使用 Java 中的常量。
　　② 学会定义变量。
　　③ 学会在变量中保存信息。
　　④ 掌握 Java 控制语句中分支语句的使用方法。

任务分析

　　Java 语言是一种强类型语言。这意味着每个变量都必须有一个声明好的类型。Java 语言提供了8 种基本类型，即 6 种数字类型（4 个整数型，2 个浮点型），1 种字符类型，还有 1 种布尔型。Java另外还提供了数字对象，但它不是 Java 的数据类型。

　　（1）整型
　　整型常量：如 "123、6000（十进制），077（八进制），0x3ABC（十六进制）"。
　　整型变量：整型变量的定义分为 4 种。
　　➢ int 型
　　使用关键字 int 来定义 int 型变量，例如："int I;"。
　　➢ byte 型
　　使用关键字 byte 来定义 byte 型变量，例如："byte b; byte x1;"。
　　➢ short 型

使用关键字 short 来定义 short 型变量，例如："short s；"。

≫ long 型

使用关键字 long 来定义 long 型变量，例如："long l；"。

（2）浮点型

浮点型分两种。

≫ float 型

常量：如"123.5439f，12389.987f，123.0f，2e40f"。

变量定义：使用关键字 float 来定义 float 型变量，例如："float f；"。

≫ double 型

常量：如"12389.5439d（d 可以省略），12389908.987，123.0"。

变量定义：使用关键字 double 来定义 double 型变量，例如："double x；"。

（3）字符型

常量：如"A，b，?，9，\t；"Java 使用 unicode 字符集，所以常量共有 65535 个。

变量定义：使用关键字 char 来定义字符变量，例如："char ch；char code；"。

（4）布尔（boolean）类型

常量：布尔类型的常量只有两个值，即 true，false。

变量定义：使用关键字 boolean 来定义逻辑变量，例如："boolean b；"。

程序实现

在详细介绍程序实现之前，先介绍一下选择控制语句，这个程序需要使用选择控制语句来完成。Java 语言的选择控制语句有两种类型，即条件语句和 switch 开关语句。

条件语句可分为 3 种：if 语句、if-else 语句和 if-else if 语句。

（1）if 语句

if 语句的一般形式如下。

if(表达式)

{

　　　若干语句

}

if 后面表达式的值必须是 boolean 类型的。当值为 true 时，则执行紧跟着的复合语句；如果表达式的值为 false，则执行程序中 if 语句后面的其他语句。复合语句如果只有一个语句，{}可以省略不写，但为了增强程序的可读性最好不要省略。

根据前面所学的知识，已经可以简单地完成题目的内容了。在上面的题目中，判断是不是打折商品，就需要用到这里的条件控制语句。下面这个程序完成了价签的打印功能。

```
public class 折扣商品价签打印 {
    public static void main(String[] args) {
        String 商品名称="床上用品";
        double 原价=138;
        boolean 是否打折=true;
        double 折扣=0.8;
```

```
        if (是否打折){
            System.out.println("商品名称: "+商品名称);
            System.out.println("原价    : "+原价+"元");
            System.out.println("折扣    : "+折扣);
            System.out.println("实际价格: "
+原价*折扣+"元");}
        }
}
```

程序运行结果，打出如下价签。

```
商品名称: 床上用品
原价    : 138.0 元
折扣    : 0.8
实际价格: 110.4 元
```

现在把这个问题再扩展一下，如果非折扣商品也需要用这个程序来打印价签，那么当商品是非折扣商品时，只需要打印商品的名称和价格；否则，继续按上面的要求，要打印折扣和实际价格。遇到这样的问题时，需要用到另一个语句：if-else 语句。

（2）if-else 语句

if-else 语句的一般形式如下。

if(表达式){

　　　若干语句

　　　}

else{

　　　若干语句

　　　}

if 后面( )内的表达式的值必须是 boolean 型的。如果表达式的值为 true，则执行紧跟着的复合语句；如果表达式的值为 false，则执行 else 后面的复合语句。复合语句是由{}括起来的若干个语句。

现在问题分为两种形式：一种是折扣商品，打印的价签和上题一样；另一种是非折扣商品，要求只打印商品名称和价格。现在利用 if-else 语句来完成这一功能。

```
public class 商品价签打印 {
    public static void main(String[] args) {
        String 商品名称="运动鞋";
        double 原价=438;
        boolean 是否打折=false;
        double 折扣=1;

        if (是否打折){
            System.out.println("商品名称: "+商品名称);
            System.out.println("原价    : "+原价+"元");
            System.out.println("折扣    : "+折扣);
            System.out.println("实际价格: "+原价*折扣+"元");}
        else{
            System.out.println("商品名称: "+商品名称);
            System.out.println("价格    : "+原价+"元");
```

```
      }
   }
}
```

（3）if-else if 语句

if-else if 语句称为 if-else 语句的扩充，是用于多分支的 if 语句。其语法格式如下。

if(表达式 1)

　　语句 1

else if(表达式 2)

　　语句 2

else if(表达式 n)

　　语句 n

else

　　语句 n+1

其中，else 部分是可选的。

　　如果需要把商品名称、价格、是否打折、折扣通过输入语句进行输入，然后再根据输入的结果打印出相符的价签，就需要使用前面讲过的输入语句。现在的问题是输入语句中输入的都是 String 类型的数据，而我们需要使用这些数据进行计算，就要把这些数据转化为数值类型的数据。下面就介绍一下将字符串类型的数据转换成基本数据类型的数据的方法。调用 Integer 类中的 parseInt( )方法，可以将 String 类型的数据转换为 int 类型的数据；而 Double 类中的 parseDouble( )方法，可以将 String 类型的数据转换成 double 类型的数据。现在，我们可以利用这些方法，将程序进一步改进如下。

```java
import java.io. *;
public class 商品价签打印 {
   public static void main(String[] args) throws IOException{
      String 商品名称;
      double 原价;
      boolean 是否打折=false;
      double 折扣;
      String 打折否;

      BufferedReader buf;
      String str;
      buf=new BufferedReader(new InputStreamReader(System.in));
      System.out.print("请输入商品的名称:");
      商品名称=buf.readLine();
      System.out.print("请输入商品的价格:");
      原价=Double.parseDouble(buf.readLine());
      System.out.print("请输入是否是打折商品(Y/N):");
      打折否=buf.readLine();
      if(打折否.equals("Y"))
         是否打折=true;
      System.out.print("请输入折扣:");
      折扣=Double.parseDouble(buf.readLine());
if (是否打折){
      System.out.println("商品名称: "+商品名称);
```

```
        System.out.println("原价    :  "+原价+"元");
        System.out.println("折扣    :  "+折扣);
        System.out.println("实际价格:  "+原价*折扣+"元");}
    else{
        System.out.println("商品名称:  "+商品名称);
        System.out.println("价格    :  "+原价+"元");
    }
  }
```

运行结果如下，其中带下画线的部分为用户输入的信息。

请输入商品的名称:运动鞋
请输入商品的价格:154
请输入是否是打折商品(Y/N):N
请输入折扣:1
商品名称: 运动鞋
价格   : 154.0 元

重新运行程序，输入不同的信息，显示结果如下。

请输入商品的名称:床上用品
请输入商品的价格:138
请输入是否是打折商品(Y/N):Y
请输入折扣:0.8
商品名称: 床上用品
原价   : 138.0 元
折扣   : 0.8
实际价格: 110.4 元

1.3.3 收银台的计算程序

超市收银台需要一个计算商品的总价及结账的程序。要求是每次输入一个商品的价格，直到输入一个−1，这时输入结束，应该计算出所有商品的总价格。再输入一个顾客支付的金额，可以打印出收据，包括商品的总额，顾客所付金额以及该找给顾客的金额。

训练任务

① 理解循环控制语句的功能。
② 分析任务要求，找到需要重复操作的部分。
③ 根据分析的结果，给出算法。

技能要点

① 学习循环语句的使用方法。
② 分析题目的要求，找出循环的各个要素。
③ 根据算法分析、完成收银台的计算程序的代码。

任务分析

这里遇到两个方面的问题：一个是如何输入数据；另一个是怎么重复累加金额，直到所有商品的价格都输入完成。前面已经涉及过打印，这里继续使用前面的方法即可。

数据的输入问题前面已经解决了，这里只要使用前面讲过的内容就可以实现。现在我们来了解一下，在 Java 语言中如何进行程序的重复运行，也就是循环。Java 的循环控制由下面几个语句实现。

（1）while 循环语句

while 循环语句的一般格式如下。

while(循环条件)

{

　　若干语句

}

while 循环执行的流程：首先判断循环条件为 true 还是 false，当为 true 时，循环继续，重复执行{}之内的语句，执行结束后，再判断循环条件，如果条件为 false 循环结束。

（2）do-while 循环语句

do-while 循环语句的一般格式如下。

do

{

　　若干语句

}

while(循环条件)

do-while 循环执行的流程：首先执行{ }之内的语句，执行结束后，再判断循环条件，如果循环条件为 true，循环继续，循环条件为 false 时循环结束。

注意：当{}中只有一条语句时，{}可以省略，但最好不要省略，以便增加程序的可读性。do-while 循环和 while 循环的区别是 do-while 循环的循环体至少被执行一次。

程序实现

本项任务需要每次输入一个数据，并将该数据加到累加和之中。也就是需要一个变量来存放累加和，每次将输入的数据加到该变量中，直到输入完成。同时，我们也清楚地知道，输入数据和累加是需要重复多次的，而其他部分不需要重复。这样，我们可以得到如下的算法。

① 定义一个累加和变量，并将该变量的值清零。

② 重复。

➢ 输入数据

➢ 将数据加入累加和变量之中

③ 直到输入完成。

④ 打印累加和变量。

⑤ 输入顾客所付的金额。

⑥ 计算应找金额。

⑦ 输入应找顾客的金额。

根据这个算法，并结合我们前面介绍过的内容，可以完成程序如下。

```
import java.io.*;
public class 超市收银程序 {
```

```java
public static void main(String[] args)  throws IOException{
     BufferedReader buf;
     double 商品金额,总计=0,顾客所付金额,应找金额;
     buf=new BufferedReader(
new InputStreamReader(System.in));
     System.out.print("请输入商品的金额:");
     商品金额=Double.parseDouble(buf.readLine());

     while(商品金额!=-1){
         总计=总计+商品金额;
         System.out.print("请输入商品的金额:");
         商品金额=Double.parseDouble(buf.readLine());
     }
System.out.println("商品金额总计:"+总计);
     System.out.print("请输入顾客所付金额:");
     顾客所付金额=Double.parseDouble(buf.readLine());
     应找金额=顾客所付金额-总计;
     System.out.println("商品金额总计:"+总计);
     System.out.println("顾客所付金额:"+顾客所付金额);
     System.out.println("应找金额:"+应找金额);
   }
}
```

运行程序，显示结果如下，其中下画线部分为用户输入数据。

```
请输入商品的金额:10.8
请输入商品的金额:17.5
请输入商品的金额:3.5
请输入商品的金额:4.6
请输入商品的金额:-1
商品金额总计:36.4
请输入顾客所付金额:50
商品金额总计:36.4
顾客所付金额:50.0
应找金额:13.60
```

　　根据题目的要求，由于需要对商品价格的数据进行判断，以决定是不是继续循环，所以这个程序中商品价格输入分为两个部分。在循环执行之前，先输入一次商品价格，如果输入的金额不为-1，进入循环，重复输入商品价格，直到输入-1为止。根据我们前面所介绍的循环语句，也可以修改程序，利用直到型循环使之更加简化，将商品价格的输入改为一次完成。大家可以想一想，怎么样才可以用直到型循环修改这个程序，使之更加简单。

1.3.4　数字密码锁的解密程序

　　我们经常见到密码锁，其开锁的密码由一串数字组成，如 3 位的密码锁，密码是 0～999 中的任一个数。如果由计算机来解这种密码锁是很简单的，只要对从 0～999 中的每一个数进行尝试，直到找到那个正确的数字为止。

训练任务

① 掌握不同的循环语句之间的区别。

② 对于不同的任务要求，使用不同的循环语句来完成。

③ 灵活运用循环语句实现程序代码。

技能要点

① 分析题目要求，写出可实现的算法。

② 比较算法，找出最简单的实现方法。

③ 编写代码实现算法。

任务分析

我们现在需要用一个循环来完成，但这是一个已知循环次数的循环，这时候，有一个更好用的循环语句可以很方便地完成这个功能。

for 语句是 java 程序设计中最有用的循环语句，for 语句的格式如下。

for (表达式 1；表达式 2；表达式 3)

{

　　若干语句

}

for 语句中的复合语句 {若干语句} 称为循环体。

① 表达式 1 负责完成变量的初始化。

② 表达式 2 是值为 boolean 型的表达式，称为循环条件。

③ 表达式 3 用来修整变量，改变循环条件。

for 语句的执行过程是这样的：首先计算表达式 1，完成必要的初始化工作。再判断表达式 2 的值，若表达式 2 的值为 true，则执行循环体，执行完循环体之后紧接着计算表达式 3，以便改变循环条件，这样一轮循环就结束了。第二轮循环从计算表达式 2 开始，若表达式 2 的值仍为 true，则继续循环，否则跳出整个 for 语句，执行后面的语句。

在循环语句中，还有两个辅助控制语句也经常被使用。下面就介绍一下这两个辅助控制语句。

break 语句和 continue 语句是循环程序中经常使用到的控制语句。break 语句的含义是这样的：在一个循环中，比如循环 50 次的循环语句中，如果在某次循环体的执行中执行了 break 语句，那么即使没有达到 50 次循环，整个循环语句也结束，程序会跳出循环，执行循环语句之后的其他语句。

如果在 50 次循环中的某次循环体，假设是第 7 次执行中执行了 continue 语句，那么本次循环就结束了，即不再执行本次循环的循环体中 continue 语句后面的语句，而转入进行下一次也就是第 8 次循环。

程序实现

根据前面的介绍，我们知道 for 循环是一个功能更强大的循环语句，在 for 循环中，将循环变量的初始化、循环条件的判定以及循环变量的改变都单独提取出来，使循环体的内容更直观、更清楚。

回顾任务要求，密码锁的解锁需要从 0 ~ 999 逐个尝试直到找到那个密码，所以，用 **for** 循环实现是最简单易行的。

我们可以把算法归纳如下。

① 输入真正的密码值。

② 设置尝试的密码变量为 0。

③ 重复。

≫ 尝试的密码与真正的密码比较

≫ 如果两个值不等，尝试的密码值增加 1，继续循环

≫ 如果两个值相等，跳出循环

根据题目要求和对算法的分析，这个程序用 **for** 语句实现是最简单的，我们写出程序如下。

```java
import java.io.*;
public class 数字密码锁解码 {
    public static void main(String[] args) throws IOException{
        //设置密码
        BufferedReader buf;
        int 密码;
        buf=new BufferedReader(new InputStreamReader(System.in));
        System.out.print("请输入 0 ~ 999 之间的任一个数作为密码:");
        密码=Integer.parseInt(buf.readLine());
        //解密码
        for(int i=0;i<=999;i++)
if(i==密码){
            System.out.println("设置的密码是:"+i);
            break;}
    }}
```

程序执行结果如下。

```
请输入 0 ~ 999 之间的任一个数作为密码:673
设置的密码是:673
```

在这个程序中，使用了 **break** 语句。**break** 语句起的作用是当找到和密码一致的那个数之后，就退出循环，不再执行 **for** 语句了。

把上面的程序改一下，使用 **continue** 语句可以完成相同的功能。

```java
import java.io.*;
public class 数字密码锁解码 {
    public static void main(String[] args)
throws IOException{
//设置密码
    BufferedReader buf;
    int 密码;
    buf=new BufferedReader(
new InputStreamReader(System.in));
    System.out.print(
"请输入 0 ~ 999 之间的任一个数作为密码:");
    密码=Integer.parseInt(buf.readLine());
```

```
//解密码
for(int i=0;i<=999;i++){
    if(i!=密码)
        continue;
    System.out.println("设置的密码是:"+i);}
}}
```

在这个程序中，continue 语句起到的作用是如果 i 的值和密码不等，就结束这次循环，不执行后面的输出语句，而继续下次循环；否则，就执行后面的屏幕打印语句。

程序执行结果如下。

请输入 0～999 之间的任一个数作为密码:529
设置的密码是:529

1.4 项目小结

1.4.1　技能回顾

1．搭建软件环境，让计算机能够运行 Java 程序的步骤

① 先下载安装 JDK 软件。
② 设置环境变量。
③ 可以选择安装 IDE（集成开发环境）。

2．使用命令行方式编写并运行 Java 程序的方法

① 用记事本编写 Java 源程序，注意保存时类名与源程序名必须一致。
② 源程序保存类型应该是.java。
③ 编译命令：javac 源程序名.java。
④ 执行命令：java 程序名。

3．Java 的 5 种基本语句

① 方法调用语句。
② 表达式语句。
③ 复合语句。
④ 控制语句。
⑤ package 语句和 import 语句。

4．Java 的基本数据结构

Java 的基本数据结构如表 1-1、表 1-2 所示。

表 1-1 　　　　　　　　　　　　　　基本数据结构表

项目	整　　　型	实　　　型
定义	没有小数部分的数字，负数是允许的	含有小数部分的数字
种类	Java 提供 4 种整数类型	Java 提供两种浮点数
类型	int 4 个字节（32bit），默认为 0 short 2 个字节（16bit），默认为 0	float：4 个字节（32bit），默认为 0.0F
	long 8 个字节（64bit），默认为 0L byte 1 个字节（8bit），默认为 0	double：8 个字节（64bit），默认为 0.0D

说明：

float 类型的数值有个后缀 F，如果没有后缀 F，那么默认为 double。double 类型的数值也可以使用后缀 D。

当这些数字遇到取值范围错误时，会发生上溢（Overflow）；而在遇到像被零除时，会发生下溢（Underflow）。

表 1-2 　　　　　　　　　　　　　　基本数据结构表

项目	布　尔　型	字　符　型
定义	使用关键字 boolean 来定义逻辑变量	单个字符
常量	true，false	单引号括起来的单个字符
类型	boolean，1 个字节（8bit），默认为 false	char，2 个字节（16bit）

说明：

双引号则表示一个字符串，它是 Java 的一个对象，并不是数据类型。

char 类型表示 Unicode 编码方案中的字符，默认为'\u0000'，两个字节（16bit）范围为'\u0000' ~ '\uFFFF'。

Unicode 可同时包含 65536 个字符，ASCII/ANSI 只包含 255 个字符，实际上是 Unicode 的一个子集。Unicode 字符通常用十六进制编码方案表示，范围为'\u0000' ~ '\uFFFF'。'\u0000' ~ '\u00FF'表示 ASCII/ANSI 字符。\u 表示这是一个 Unicode 值。

在 Java 中除了用\u 的形式来表示字符外，还可以使用换码序列来表示特殊字符。

```
\b 退格    \u0008    \t Tab 制表  \u0009  \n 换行  \u000a
\r 硬回车  \u000d    \" 双引号    \u0022  \' 单引号 \u0027
\\ 反斜杠  \u005c
```

理论上在 Java 的应用程序和小应用程序中使用 Unicode 字符，但至于它们是否能真正显示出来，却要取决于使用的浏览器和操作系统，其中操作系统是最根本的。

5．Java 的运算符和表达式

① 算术运算符：算术运算符作用于整型或浮点型数据，完成算术运算，其中包括+，-，*，/，

%，++，--。

② 关系运算符：用来比较两个值，返回布尔类型的值 true 或 false。关系运算符都是二元运算符，其中包括 >，<，>=，<=，==，!=。

③ 布尔逻辑运算符：进行布尔运算，其中包括!，&&，||。

④ 位运算符：对二进制位进行操作的运算符，其中包括 >>，<<，>>>，&，|，^，~。

由运算符和操作数组成的就是表达式。

6．Java 的控制语句及其使用方法

Java 的控制语句分为如下几个。

① 选择控制语句：主要用于分支结构程序的处理。其中最重要的是 if 语句，最常用的 if 语句形式是：

if (条件表达式)
    语句 1
else
    语句 2

② 循环控制语句：主要用于完成循环结构的程序处理，其中最重要的是 for 语句，for 语句的形式是：

for(循环变量的初始化；循环条件表达式；循环变量的改变)
    语句

③ break 和 continue 语句。

1.4.2 知识拓展

1．变量作用域

变量作用域就是指变量的有效范围。

在 Java 里，变量的作用域可以简单理解为从它的声明处开始，到包围它的语句括号结束，未声明就不能使用。

Java 的基本单位是类，类是一类事物的抽象，是有属性的，这个属性就是成员变量。比如，人类的肤色、姓名、性别、身高、体重等属性可以作为变量被保存，这样，一个具体的人就出现了。我们可以通过这些属性把他与其他人区分开来。本地变量（也叫局部变量）出现在方法中，在方法中定义、在方法中使用，超出方法就不存在了，所以叫本地变量。

2．Java 的运行机制

Java 与其说是一种语言，不如说是一种平台更为合适。Java 的每一个类都有一个 class 文件和它对应，Java 在程序启动的时候将程序运行需要用到的类加载到虚拟机中，根据 Java 的虚拟机规范进行链接（动态链接），程序的组装是在运行的时候完成的。因此，Java 程序非常容易进行组件式的开发，程序的组件非常容易替换。

C++和其他编译型的语言一样，程序的组装方式是一种传统的方式。C++在编译的时候生成适用于某一平台的二进制代码，在链接的时候找到需要调用的库，然后将这些库中的代码链接进可执

行程序之中，生成的可执行程序运行速度非常快，但是可执行代码已经变成了一个整体，不可能再分开。

C++当然也可以以组件的形式开发，如 COM，但那些都是基于动态链接库的，是不可跨平台的。COM 实际上也是定义了一个二进制的组件标准，是不可跨平台的。

要执行用 C++等传统的编译式语言写成的程序，源代码必须编译成二进制代码（也就是机器代码）的可执行形式。二进制代码就是能够被硬件直接运行的、由 1 和 0 组成的代码。它和特定的运行平台的体系结构（如 CPU）相关，因而只能在这种体系结构上运行。也就是说，为 Sun Solaris 工作站编译的程序版本不能在 Windows PC 上运行，为 Windows PC 编译的程序不能在 Linux 机器上运行。

相反，Java 源程序代码不会针对一个特定平台进行编译，而是转换成为一种称为字节码的中间格式，这种格式与平台无关且体系结构是中立的。也就是说，无论一个 Java 程序是在哪个操作系统上编译，作为编译结果的字节码都是相同的，因为可以在任何具有 Java 虚拟机（JVM）的计算机上运行。

1.5 实战练习

1. 判断题

（1）适用于桌面系统的 Java2 平台的标准版是 J2EE。（　　　）

（2）Java 程序书写时，不区分大小写。（　　　）

（3）JVM（Java 虚拟机）使 Java 程序真正实现了跨平台可移植性。（　　　）

（4）字符串之间可以用"+"表示连接，而字符串与其他变量间不可以用"+"表示连接。（　　　）

（5）数据类型中，int 型占 4 个字节，char 型占 1 个字节。（　　　）

（6）关系表达式 op1>=op2 的值不是 0，就是 1。（　　　）

（7）对于&&运算符，只要左边表达式为 false，不计算右边表达式，则整个表达式为 false。（　　　）

（8）for 循环的第一个表达式定义的变量只在该循环体内有效。（　　　）

2. 选择题

（1）程序中添加注释的作用是_____。

    A. 使得程序运行更高效　　　　　　　　B. 增加程序的可读性和可理解性

    C. 可以使用#号来注释　　　　　　　　　D. 提高程序编译的速度

（2）HelloWorld.java 编译成功后会在当前目录中生成一个_____文件。

    A. Hello.java　　　　　　　　　　　　　B. HelloWorld.class

    C. Helloworld.class　　　　　　　　　　D. helloWorld.class

（3）编写一个 Java application 程序，其中类声明为 public class StringDemo，那么该程序应该以_____文件名来保存。

    A. StringDemo.java　　　　　　　　　　B. StringDemo.class

    C. Strindemo.java　　　　　　　　　　　D. StringDemo.txt

（4）下列代码中，将引起编译错误的行是_____。

① public class Exercise{

```
② public static void main(String[ ] args){
③     float f=0.0;
④     f+=1.0;
⑤     }
⑥ }
```
　　　A．第 2 行　　　　　B．第 3 行　　　　　C．第 4 行　　　　　D．第 6 行

（5）char 类型的取值范围是_____。

　　　A．$2^{-7} \sim 2^{7}-1$　　B．$0 \sim 2^{16}-1$　　　　C．$-2^{15} \sim 2^{15}-1$　　D．$0 \sim 2^{8}-1$

（6）下面的程序段执行完后，正确的结果是_____。

```
boolean a=false;
boolean b=true;
boolean c=(a&&b)&&(!b);
boolean result =(a&b)&(!b);
```

　　　A．c=false;result=false　　　　　　B．c=true;result=true

　　　C．c=true;result=false　　　　　　D．c=false;result=true

（7）下列代码_____会出错。

```
① public static void main(String [ ]args) {
② int i,j,k;
③ i=100;
④ while (i>0) {
⑤ j=i*2;
⑥ System.out.println (" The value of j is " +j );
⑦ k=k+1;
⑧ i--;
⑨ …
```

　　　A．第 4 行　　　　　B．第 6 行　　　　　C．第 7 行　　　　　D．第 8 行

（8）下列关于 for 循环和 while 循环的说法中_____是正确的。

　　　A．while 循环能实现的操作，for 循环也都能实现

　　　B．while 循环判断条件一般是程序结果，for 循环判断条件一般是非程序结果

　　　C．两种循环任何时候都可替换

　　　D．两种循环结构中循环体都不可以为空

3．编程题

① 编写一个程序，在显示器上输出下面的内容。

*

**

***

****

② 输入一个圆的半径，编程计算圆的面积。

③ 编写一个程序让用户输入一个年份，判断是否是闰年，并输入判断结果。判断闰年的条件是年份的值能被 4 整除，但不能被 100 整除，或者是能被 400 整除。

④ 编写 Applet 程序，求 3 个整数的最小值。

⑤ 编写一个 Java 程序，接受用户从键盘输入的一个正整数，然后统计并输出从 1 到这个正整数的累加和。

⑥ 修改例题，用 do-while 循环语句完成收银台计算程序。

⑦ 计算百鸡问题。公鸡每只 3 元，母鸡每只 5 元，小鸡 3 只 1 元。用 100 元买 100 只鸡，问公鸡、母鸡、小鸡各买多少只？

⑧ 编写 Java 应用程序，找出所有的水仙花数并输出。水仙花数是 3 位数，它的各位数字的立方和等于这个 3 位数本身，例如 $371 = 3^3 + 7^3 + 1^3$，371 就是一个水仙花数。

第 2 章 面向对象设计（1）

本章简介

第 1 章我们学习了 Java 的基本语法知识，本章将重点讲述面向对象的设计思想，如何利用 Java 来描述现实世界对象的特性，如何实现继承关系，并运用 Java 面向对象技术描述项目中的动物特性。

2.1 项目任务与目标——利用类和继承来描述动物特性

工作任务

1. 抽取动物特性描述中的对象
2. 分析每个对象所具有的特征
3. 分析每个对象所发出的动作
4. 从这些对象的特征中抽取类的属性和方法
5. 分析类之间的关系，画出类图
6. 将类图转换成 Java 代码

技能目标

1. 抽取类和对象的基本方法
2. 分析类间关系，画出类结构图
3. 运用 Java 实现类和构造方法
4. 运用 Java 实现类的继承
5. 子类的构造方法

本章术语

- ➢ class——类
- ➢ extends——继承
- ➢ public——公有的
- ➢ private——私有的

➢ implements——实现 ➢ protected——保护的

2.2 技能训练

2.2.1 汽车类的描述

训练任务

车在我们的生活中随处可见，如图 2-1 所示。如何利用面向对象技术来描述这些不同的车，既体现车的共性，又能区分出不同的个体呢？

图 2-1 几种车的图片

技能要点

① 理解类和对象的概念。
② 理解对象和类之间的关系。
③ 学会在 Java 中创建类和对象的方法。
④ 学会类中构造方法的编写。

任务分析

1. 对象

现实世界是由人、动物、汽车等各种各样的对象组成的，每个对象都有自己的特性和行为，可用来描述自己是什么或具有什么功能，从而将自己与其他的对象区别开。如每辆汽车都有颜色、车型、品牌等特性，有启动、停止、加速、减速等行为，具体如图 2-2 所示。

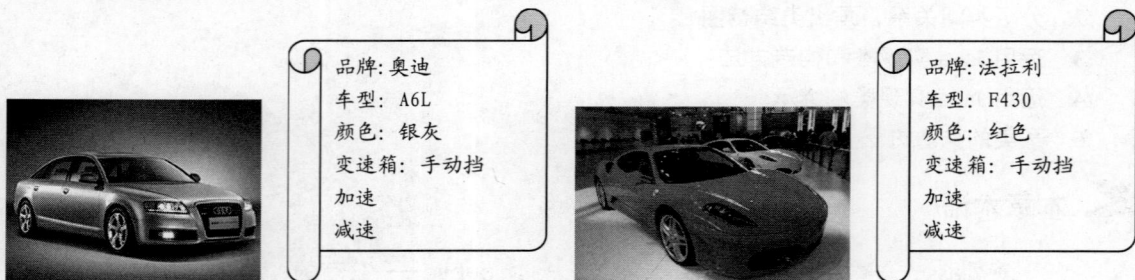

图 2-2 "轿车"对象和"跑车"对象

对象的定义：

对象是现实世界存在的具体实体，拥有确切的特性和行为。

用 Java 编写程序的过程就是从现实世界对象中抽象出 Java 可实现的类并用合适的语句定义它们的过程。

2．类

在面向对象的程序设计中，将现实中多个对象共有的特性和行为抽象为一个类。

对象的特性在类中表示为成员变量，称为类的属性。如汽车的颜色、车型、品牌等特性使用类的属性来描述。

对象的行为在类中表示为成员方法、操作成员变量，称为类的方法。如汽车的启动、停止、加速、减速等行为使用类的方法来描述，同时类设计时也考虑类与类之间的关系。

类的定义：

类是拥有相同特性和行为的若干对象的集合。

在图 2-1 中示出的轿车、跑车等均为车类的对象，这些对象和类如图 2-3 所示。

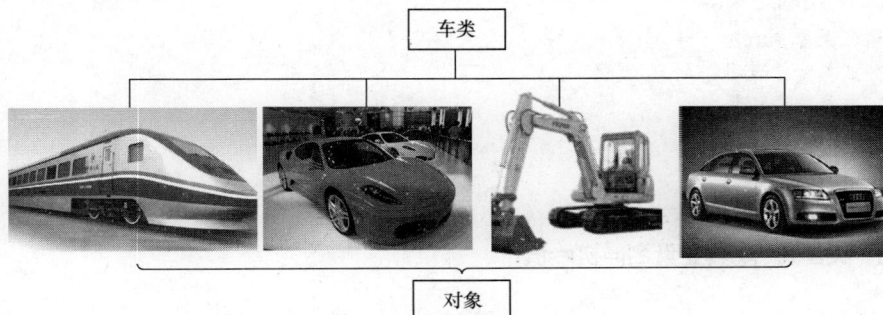

图 2-3　车的对象和类

3．类和对象的区别

类是对若干对象抽象后得出的一个模板，该模板包含了这类对象所拥有的全部特性和行为；而对象是一个现实存在的实体，每个对象都是所在类的一个实例。

从程序设计语言的角度来说，类是一种数据类型，而对象则是具有这种类型的变量。

对象和类的对比如表 2-1 所示。

表 2-1　　　　　　　　　　类和对象的对比

序　号	类	对　象
1	人	一位年轻的教授
		一位和蔼的医生
2	动物	一只青蛙呱呱叫
		一只小猫"喵喵"叫
3	汽车	一辆红色宝马轿车
		一辆黑色奔驰轿车

4．类和对象在 Java 中的实现

（1）类的定义

类定义的一般格式为：

[类修饰符]　class　类名　[extends　基类名] [implements　接口名]{

　　　　　　　…//成员变量声明

　　　　　　　…//成员方法声明

　　　　　　　}

说明：

① class，extends，implements 都是 Java 的关键字，分别是关于类、继承和接口的内容。

② class 关键字表示创建了一个类。

③ extends 关键字表示该类继承了某一父类。

④ implements 关键字表示该类实现了某些接口。

类的命名规范：类名首字母大写，其他字符小写，如果由多个单词组成，一般是每个单词首字母大写。如汽车类的定义。

```
public class Automotive{
    …//成员变量声明
    …//成员方法声明
    }
```

（2）成员变量声明

成员变量声明的一般格式为：

[修饰符] 类型符　成员变量名[=初始值]；

说明：

成员变量的类型可以是 Java 中任意的数据类型，既可以是简单类型，也可以是类、接口、数组等复合类型。在一个类中的成员变量名是唯一的。如汽车类中成员变量的定义，汽车有车牌号、品牌、颜色和型号等属性。

```
public class Automotive{
        int number;              //车牌号
        String brand;            //品牌
        String color;            //颜色
        String Model;            //型号
        …//成员方法声明
    }
```

成员变量与局部变量的区别：两者的声明格式不同，方法里的局部变量不能用修饰符修饰。

（3）成员方法声明

成员方法声明的一般格式为：

[修饰符] 类型符　成员方法名（参数列表）[throws 异常名 1，异常名 2…]{

…//方法语句主体

}

说明：

① 类型符是方法的返回值的数据类型。如果方法具有返回值，则在方法体内必须使用关键字

return；如果方法无返回值，则类型符必须使用 void。

② 参数列表是一组变量声明，参数由圆括号内的逗号隔开，作为方法主体中的局部变量，其值在调用方法时进行传递。

③ 在方法体内，语句、表达式和方法调用可以共存。

如汽车类中成员方法的定义，每辆汽车都有加速、刹车、倒车等行为。

```
public class Automotive{
    ：
void speedup (){
    System.out.println("汽车加速");    //汽车加速方法
}
void stop(){
    System.out.println("汽车刹车");    //汽车刹车方法
}
void back(){
    System.out.println("汽车倒车");    //汽车倒车方法
}
}
```

（4）对象的创建、使用和释放

对象的创建格式为：

[修饰符] 类名 对象名 [=new 类名（实际参数列表）]；

说明：

对象的创建包括声明、实例化和初始化 3 部分。

声明是指定义一个类的对象，但不分配任何内容空间，而只是分配一个引用空间，对象的实际数据所在的内存地址尚未分配。

如：Automotive car1；

实例化是利用运算符 new 为对象分配内存空间，它调用对象的构造方法，返回一个引用。一个类的不同对象分别存储在不同的内存空间里。

如：Automotive car2=new Automotive()；

初始化是指执行构造方法，进行初始化；根据参数不同调用不同的构造方法。

如：Automotive car3=new Automotive(num，br，cl，ml)；

对象的使用格式为：

对象名.变量名   或   对象名.方法名 ([参数列表])

说明：

通过运算符 "." 可以实现对对象中的变量和方法的调用。变量和方法可以通过访问权限来限制其他对象对它的访问。

如：car1.color

  car1.stop()；

对象的释放格式为：

对象名=null；

如：car1=pull；

（5）构造方法与构造方法重载

构造方法是在创建给定类的对象时一定要调用的一个方法，它的名字与类名相同，不具有任何返回值，负责对象的初始化工作。如，给成员变量赋值等。

构造方法声明的一般格式为：

[修饰符] 构造方法名（参数列表）[throws 异常名 1，异常名 2...]{

...//构造方法语句主体

}

说明：

① 构造方法和类具有相同的名字。

② 一个类可以有多个构造方法，调用时根据参数不同，执行不同的方法。

③ 构造方法可以有 0 个或多个参数。

④ 构造方法没有返回值。

⑤ 构造方法总是和 new 运算符一起使用。

⑥ 若类中没有定义构造方法，则 Java 虚拟机会提供一个默认的构造方法，此方法不带参数，主体不含任何语句。

如定义汽车类的两个构造方法。

```java
public class Automotive{
    ⋮
Automotive()
    number=0;
brand="";
color="";
model="";
    }                              //汽车构造方法 1，为属性赋值
Automotive ( int num,String br,String cl,String ml ) {
    number=num;
brand=br;
color=cl;
model=ml;
    }                              //汽车构造方法 2，为属性赋值
    ⋮
    }
```

构造方法重载是指一个类可以有多个构造方法，调用时根据参数不同，执行不同的方法。

程序实现

汽车类的测试。

```java
public class Automotive{
int number;                        //车牌号属性
String brand;                      //品牌属性
String color;                      //颜色属性
String model;                      //型号属性
Automotive(){
number=0;
brand="";
color="";
```

```
model="";}                                          //汽车构造方法1，为属性赋值
Automotive (int num,String br,String cl,String ml ){
number=num;
brand=br;
color=cl;
model=ml;}                                          //汽车构造方法2，为属性赋值
void speedup (){
    System.out.println(brand +"汽车加速"); }          //汽车加速方法
void stop(){
    System.out.println(brand +"汽车刹车"); }          //汽车刹车方法
void back(){
    System.out.println(brand +"汽车倒车"); }       //汽车倒车方法
public static void main(String []args){
    Automotive car1=new Automotive()
    car1. speedup ();
    Automotive car2=new Automotive(74100,"奔驰","红色","E470");
car2. speedup ();}}
```

程序运行结果如图 2-4 所示。

在该程序中 Automotive 类定义了两个构造方法，分别是 Automotive()和 Automotive（int num，String br，String cl，String ml），当对象进行初始化时，系统根据参数个数和类型的不同决定调用哪个具体构造方法。显然 car1 调用构造方法 Automotive() 而 car2 调用构造方法 Automotive（int num，String br，String cl，String ml），从而得到两辆不同的汽车。

图 2-4　调用不同构造方法的运行结果图

2.2.2　人类和学生类的描述

训练任务

运用 Java 的继承技术来描述人类和学生类。

技能要点

① 理解面向对象继承的特点。
② 能够运用 Java 程序实现继承。

任务分析

1．人类和学生类的继承关系

继承是现实世界存在的一种现象，如图 2-5 所示。

从图 2-5 可以看出，学生类、教师类都具有人的行为和特征，这是因为他们都继承了人类的所有行为和特征。此时，如果把人类称为父类（或基类、超类），则学生类和教师类都是人类的子类。再从小一点的视角来看，小学生、中学生和大学生都具有学生的行为和特征，如果把学生类称为父类，则小学生类、中学生类和大学生类则称为学生类的子类。

29

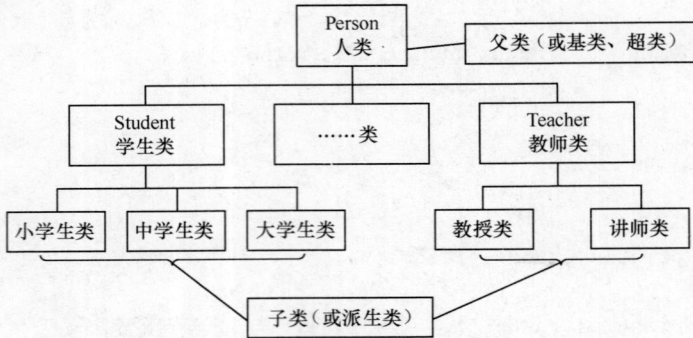

图 2-5 现实世界中的人类继承现象

2．继承关系在 Java 中的实现

在面向对象编程中，如果有两个类，它们有部分相同的变量和方法，那么我们可以创建一个拥有两个类相同的变量和方法的父类，而这两个类就是父类的子类，可以直接继承父类中的所有变量和方法，在定义这两个类时，只需编写各自与父类不同的特性和行为。可见，继承减少了编码量，提高了代码的可重用性。

当我们需要处理人类和学生类的信息时，可以分别定义出人类和学生类，如图 2-6 所示。

我们发现学生类除了自己特有的属性 school 外，其他的属性和方法完全和人类相同，代码有一定的重复性。我们可以将共性的属性和方法放在一个人类中，学生类作为子类去继承父类人类的全部属性和方法，再编写自己与父类人类不同的属性或方法。如，学校属性，从而得到具有继承关系的类图如图 2-7 所示。

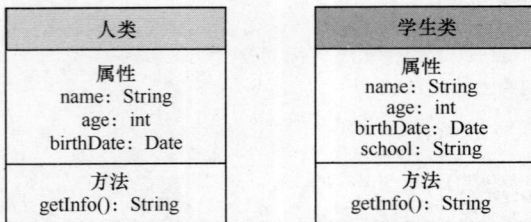

图 2-6 人类和学生类的类定义

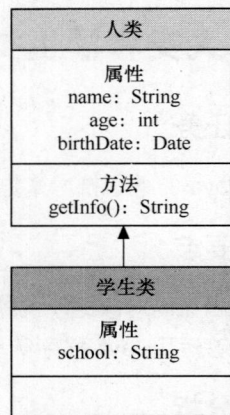

图 2-7 人类及其学生类子类的继承关系

Java 继承的实现主要有以下步骤。

① 确定父类：确定父类的属性和方法。子类可从父类继承非 private 属性和方法，构造方法不能被继承。

② 定义子类：子类继承父类通过 extends 关键字来实现。语法如下：

[类修饰符] class 子类名 extends 父类名

③ 实现子类功能：与一般类一样，子类的方法与父类的方法同名时不能继承。

如使用继承，创建名为 Person 的父类和名为 Student 的子类。

```
public class Person
{
String name;
int age;
Date birthDate;
public String getInfo() {...}
}
public class Student extends Person
{String school;}
```

关于继承的几点说明如下。

① Java 只支持单继承，不允许多重继承。

一个子类只能有一个父类，一个父类可以拥有多个子类。

② 继承具有传递性——子类继承沿继承路径向上的所有父类的有关属性和方法。

③ Object 类是所有 Java 类的最高层父类。如果在一个类的声明中没有指明这个类的直接父类，Java 则认为是 Object 的直接子类，如图 2-8 所示。

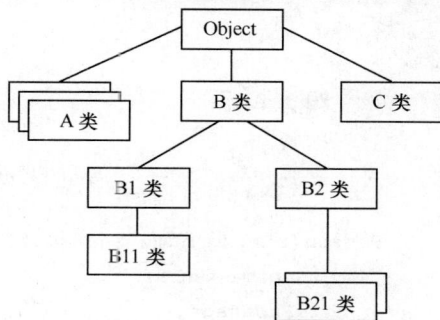

图 2-8　Java 中类的继承关系

3．编写学生类的构造方法（子类构造方法）

构造方法用于初始化特定类型的对象并分配内存，构造方法名称与类名相同。创建对象时会自动调用构造方法。类似地，子类的构造方法的名称也与子类名相同，创建子类的对象时将调用此构造方法。如编写学生子类的构造方法。

```
import java.util.Date;
class Person{
String name;
int age;
Date birthDate;
Person(){                           //父类构造方法
   System.out.println("执行了人类的构造方法！") ;}
public String getInfo() {
    return name+":"+age+","+birthDate;
 }}
class Student extends Person{
String school;
 Student(){                         //子类构造方法
   System.out.println("执行了学生类的构造方法！") ;
 }
}
public class PersonTest {
  public static void main(String[] args) {
    Student s=new Student() ;
  }}
```

程序运行结果如图 2-9 所示。可以看出，创建子类（Student）对象时，首先调用父类（Person）的构造方法，然后才调用子类的构造方法。

子类的构造方法中除了可以隐式调用父类的默认构造方法外，还可以通过关键字 super 来调用父类的默认构造方法或带参的构造方法，并且，super 语句必须是子类构造方法中的第一个语句。

程序实现

在学生子类的构造方法中，调用带参的父类构造方法。

```
import java.util.Date;
class Person{
String name;
int age;
Date birthDate;
Person(){
  System.out.println("执行了人类的构造方法！") ;
}
 Person(String name,int age){
    this.name =name;
    this.age=age;
}
public String getInfo() {
     return name+":"+age+"岁";}}
 class  Student  extends  Person{
String school;
  Student(){
  super("瑞瑞",9);          //调用父类中带参的构造方法
  System.out.println("执行了学生类的构造方法！") ;
  }
}
public class PersonTest {
  public static void main(String[] args) {
     Student s=new Student() ;
     System.out.println(s.getInfo());}}
}
```

程序运行结果如图 2-10 所示。

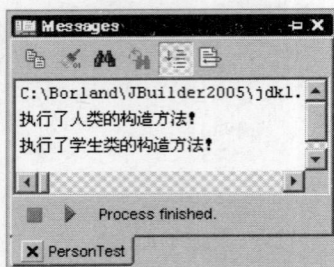

图 2-9　程序运行结果图　　　　　　　　图 2-10　程序运行结果图

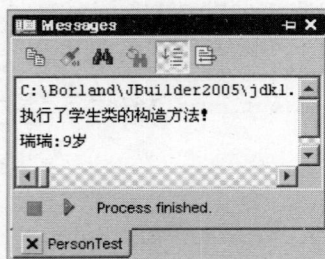

在涉及构造方法的继承时，有以下 3 点说明。

① 对于每个可能成为父类的类，若需要编写带参的构造方法，则必须提供一个无参的构造方法。

② 若子类中没有显性调用父类构造方法，则会调用父类的默认构造方法。

③ 每个子类可以显式地调用父类的一个构造方法，但必须写在第一行。

2.3 项目学做

2.3.1 项目描述

请用 Java 面向对象技术实现下面对动物世界的描述。

① 狗是一种动物，既是哺乳类的也是肉食性的，看到主人会摇尾巴。

② 猫是一种动物，既是哺乳类的也是肉食性的，通常会发出"喵喵"的声音。

③ 青蛙是一种动物，既不是哺乳类的也不是肉食性的，通常会发出"呱呱"的叫声。

2.3.2 项目分析

1．抽取问题描述中的对象

找出句子中所使用的名词：狗、动物、尾巴、猫、青蛙。

2．分析每个对象所具有的特征

找出句子中的形容词：哺乳类的、肉食性的。

3．分析每个对象所发出的动作

找出句子中的动词：摇尾巴、"喵喵"叫、"呱呱"叫。由于摇尾巴是一个动作，所以把尾巴从名词中删掉。

根据上述分析抽取出名词、动词和形容词，将名词进一步整理，删除动宾词组中的名词、形容词词组中的名词，则最终剩下的名词就可转化为类。可根据需要进一步合并同类项，动词可以转化为类的方法，而形容词可以转化为类的属性。

4．"是"的关系一般抽象为继承

例如：狗是一种动物，意味着"狗"类继承自"动物"类；猫是一种动物，意味着"猫"类继承自"动物"类；青蛙是一种动物，意味着"青蛙"类继承自"动物"类。

根据"是"的关系，分析类间的继承关系。

5．根据类之间的关系画出类图

动物特性系统的类图如图 2-11 所示。

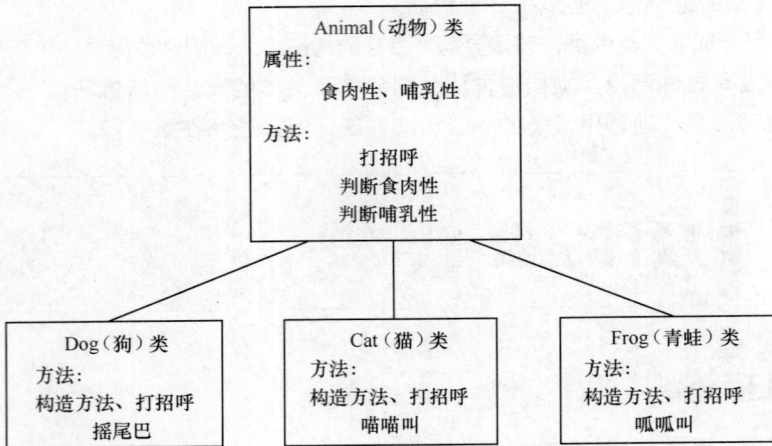

图 2-11 动物特性系统类图

2.3.3 编写动物类

编写动物类，有哺乳性和肉食性两个属性；打招呼（**sayHello**）方法，判断是否为哺乳性动物方法，判断是否为肉食性动物方法。

程序实现：

```
class Animal {
    boolean mammal = true;
    boolean carnivorous = true;
    boolean isMammal() { return(mammal); }
    boolean isCarnivorous() { return(carnivorous); }
    void sayHello(){}
}
```

2.3.4 编写猫类、狗类和青蛙类

编写狗类、猫类和青蛙类，分别继承自动物类，实现与动物类不同的功能。

程序实现：

```
class Dog extends Animal {
    void sayHello() {
        System.out.println("狗看到主人会摇尾巴");}
}
class Cat extends Animal {
    void sayHello() {
        System.out.println("猫通常会发出"喵喵"的声音");}
}
class Frog extends Animal {
    Frog() { mammal = false; carnivorous = false; }
    void sayHello() {
        System.out.println("青蛙通常会发出"呱呱"的叫声");}
}
```

2.3.5 编写测试类

编写一个含 main()方法的测试类，分别实例化以上 3 个类的 3 个对象，测试类方法实现的正确性。

程序实现：

```
public class HelloWorld {
    public static void main(String[] args) {
        //构造 3 个动物对象
        Dog animal1 = new Dog();
        Cat animal2 = new Cat();
        Frog animal3 =new Frog();
        //狗类对象的使用
        System.out.println("--------关于狗的描述----------");
        if (animal1.isMammal())
          System.out.println("狗是哺乳动物");
          else
          System.out.println("狗不是哺乳动物");
        if (animal1.isCarnivorous())
          System.out.println("狗是肉食动物");
          else
          System.out.println("狗不是肉食动物");
      animal1.sayHello() ;
      //猫类对象的使用
      System.out.println("--------关于猫的描述----------"):
      if (animal2.isMammal())
        System.out.println("猫是哺乳动物");
        else
        System.out.println("猫不是哺乳动物");
      if (animal2.isCarnivorous())
        System.out.println("猫是肉食动物");
        else
        System.out.println("猫不是肉食动物");
      animal2.sayHello() ;
      System.out.println("--------关于青蛙的描述--------");
        //青蛙类对象的使用
        if (animal3.isMammal())
        System.out.println("青蛙是哺乳动物");
        else
          System.out.println("青蛙不是哺乳动物");
        if (animal3.isCarnivorous())
          System.out.println("青蛙是肉食动物");
        else
          System.out.println("青蛙不是肉食动物");
      animal3.sayHello() ;
    }
}
```

程序运行结果如图 2-12 所示。

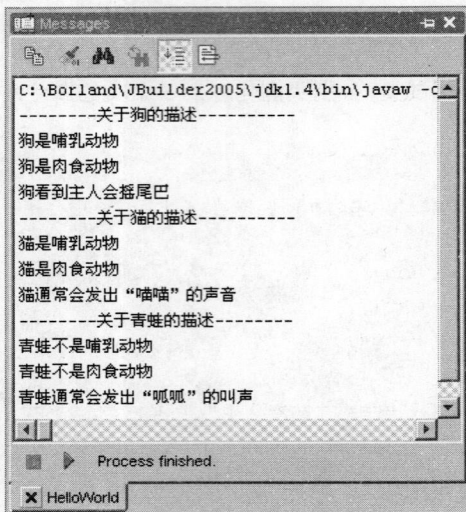

图 2-12　程序运行结果图

2.4 项目小结

2.4.1　技能回顾

　　本章讲述了如何将现实世界抽象化,建立基于面向对象的模型,以及模型在 Java 中的编码实现,并运用 Java 类实现了对动物特性的描述。重点讲述了以下内容。

　　① 如何使用 class 定义类。

　　② 如何定义类的成员变量和成员方法。

　　③ 如何编写构造方法。

　　④ 如何实现类的继承。

　　⑤ 如何编写子类的构造方法。

　　⑥ 如何使用访问修饰符。

　　⑦ 如何使用 API 文档。

2.4.2　知识拓展

1．修饰符

（1）类修饰符

类定义的一般格式为:

[类修饰符]　class　类名　[extends　基类名] [implements　接口名]{

　　　　…//成员变量声明

　　　　…//成员方法声明

　　　　　}

其中，常用的类修饰符有 public，abstract，final。

➢ public

Java 中类的访问控制符只有一个，就是 public，即公共的。当一个类被声明为 public 时，说明该类可以被其他类访问和引用。如果类定义时没有指明访问控制符，则说明该类具有默认的访问控制权限，即该类只能被同一包中的类访问和引用。

➢ abstract

当一个类被声明为 abstract 时，这个类称为抽象类。

➢ final

当一个类被声明为 final 时，这个类称为最终类，即它不能再派生出新的子类，也不能作为父类被继承。

（2）成员变量修饰符

成员变量声明的一般格式为：

[修饰符] 类型符　成员变量名[=初始值]；

其中，常用的成员变量修饰符有 public，protected，private，static，final，transient，volatile。

➢ public

可以被任何类访问。

➢ protected

可以被同一包中的所有类访问，子类没有在同一包中也可以访问。

➢ private

只能够被当前类的方法访问。

➢ 默认修饰符

可以被同一包中的所有类访问，如果子类没有在同一个包中，也不能访问。

➢ static

静态变量（又称为类变量，其他的称为实例变量）可以被类的所有实例共享。并不需要创建类的实例就可以访问静态变量。

➢ final

常量，值只能够分配一次，不能更改。

➢ transient

告诉编译器在类对象序列化的时候，此变量不需要持久保存。主要是因为该变量可以通过其他变量来得到，使用它是出于性能的考虑。

➢ volatile

指出可能有多个线程修改此变量，要求编译器优化以保证对此变量的修改能够被正确地处理。

（3）成员方法的修饰符

成员方法声明的一般格式为：

[修饰符] 类型符　成员方法名（参数列表）[throws 异常名 1，异常名 2…]{

…//方法语句主体

}

其中，成员变量的修饰符主要有 public，protected，private，static，final，abstract，synchronized。

➢ public

可以被任何类访问。

➢ protected

可以被同一包中的所有类访问，子类没有在同一包中也可以访问。

➢ private

只能够被当前类的其他成员方法访问。

➢ 默认修饰符

可以被同一包中的所有类访问，如果子类没有在同一个包中，也不能访问。

➢ static

静态方法（又称为类方法，其他的称为实例方法）可以被类的所有实例共享。并不需要创建类的实例就可以访问静态方法。

➢ final

被 final 修饰的成员方法称为最终方法，不能再被子类重载。

➢ abstract

被 abstract 修饰的方法称为抽象方法，是类中已声明但没有实现的方法，不能将 static 方法、final 方法和类的构造方法声明为 abstract。

➢ synchronized

被 synchronized 修饰的成员方法称为同步方法，用于对多线程的支持。当一个同步方法被调用时，没有其他线程能够调用该方法，其他的 synchronized 方法也不能调用该方法，直到该方法返回。

2．Java 标准类库

Java 标准类库就是 Java API（Application Programming Interface，应用程序接口），是系统提供的已实现的标准类的集合。在程序设计中，合理和充分利用类库提供的类和接口，不仅可以完成字符串处理、绘图、网络应用、数学计算等多方面的工作，而且可以大大提高编程效率，使程序简练、易懂。

Java 类库中的类和接口大多封装在特定的包里，每个包都具有自己的功能。表 2-2 列出了 Java 中一些常用的包及其简要的功能。其中，包名后面带 ".*" 的表示其中包括一些相关的包。

表 2-2 Java 提供的部分常用包

包　　名	主　要　功　能
java.applet	提供了创建 applet 需要的所有类
java.awt. *	提供了创建用户界面以及绘制和管理图形、图像的类
java.beans. *	提供了开发 Java Beans 需要的所有类
java.io	提供了通过数据流、对象序列以及文件系统实现的系统输入、输出
java.lang. *	Java 编程语言的基本类库
java.math. *	提供了简明的整数算术以及十进制算术的基本函数
java.rmi	提供了与远程方法调用相关的所有类
java.net	提供了用于实现网络通信应用的所有类
java.security. *	提供了设计网络安全方案需要的一些类

续表

包　　名	主　要　功　能
java.sql	提供了访问和处理来自于 Java 标准数据源数据的类
java.test	包括以一种独立于自然语言的方式处理文本、日期、数字和消息的类和接口
java.util. *	包括集合类、时间处理模式、日期时间工具等各类常用工具包
javax.accessibility	定义了用户界面组件之间相互访问的一种机制
javax.naming. *	为命名服务提供了一系列类和接口
javax.swing.*	提供了一系列轻量级的用户界面组件，是目前 Java 用户界面常用的包

说明：

在使用 Java 时，除了 java.lang 外，其他的包都需要 import 语句引入之后才能使用。

3．如何查阅 Java 技术文档

Java 语言的内核非常小，其强大的功能主要由类库（Java API，应用程序接口）体现。从某种意义上说，掌握 Java 的过程就是充分利用 Java 类库中丰富资源的过程。然而，为了正确使用 Java 类库，程序员需要经常翻阅 Java 技术文档。

Java 技术文档的安装和使用步骤：

① 从 Sun 公司的网站上下载 Java 文档 j2sdk-1_4_2-doc。

② 下载完后，找到 docs 文件夹，打开其中的 index 文件，找到 API & Language 下的 Java 2 Platform API Specification，然后选择需要查看的那个包，进而查看类、接口等内容。

③ 选择一个包，可以看到包的名称、简单描述和包中的内容，分为 interface summary，class summary，exception summary 和 error summary 等。如果想看包中各类的继承结构，选择菜单中的 tree，可以了解包中的总体结构。

2.5 实战练习

1．填空与选择

（1）（在同一包中）子类不能继承父类中的_____成员，除此之外，其他所有的成员都可以通过继承变为子类的成员。

（2）已知类关系如下：

class Employee;

class Manager extends Employeer;

class Director extends Employee;

则以下关于数据的语句正确的是：_____。

A．Employee e=new Manager( );　　　　B．Director d=new Manager( );

C．Director d=new Employee( );　　　　D．Manager m=new Director( );

（3）下面对类的申明_____是正确的。

A. public class Fred {
```
public int x = 0;
public Fred (int x) {
  this.x = x;
  }
}
```

B. public class fred
```
public int x = 0;
public fred (int x) {
  this.x = x;
  }
}
```

C. public class Fred extends MyBaseClass, MyOtherBaseClass {
```
public int x = 0;
public Fred (int xval) {
x = xval;
  }
}
```

D. protected class Fred {
```
private int x = 0;
private Fred (int xval) {
  x = xval;
  }
 }
```

2．编程题

（1）编写 1 个 Light 类，该类是对灯的描述，该类拥有：

① 2 个成员变量。

| watts（私有，整型） | //用于存放灯的瓦数 |
| indicator（私有，布尔类型） | //用于存放灯的开或关的状态 |

② 2 个构造器方法。

| Light（int watts） | //用于创建具有 watts 瓦的对象 |
| Light（int watts,boolean indicator） | //用于创建具有 watts 瓦、开关状态为 indicator 的对象 |

③ 3 个成员方法。

public void switchOn()	//开灯，即将灯的状态置为开
public void switchOff()	//关灯
public void printInfo()	//输出灯的瓦数信息和开关状态

（2）编写 1 个 TubeLight 类，该类是对管状灯的描述，它继承 Light 类，还拥有：

① 2 个成员变量。

| tubeLength（私有，整型） | //用于存放灯管的长度 |
| color(私有，String 类型) | //用于存放灯光的颜色 |

② 构造器方法。

TubeLight（int watts, int tubeLength, String color）　//用于创建具有 watts 瓦、灯管长度为 tugeLength、颜色为 color 的对象

③ 成员方法。

public void printInfo()　//打印输出灯的相关信息，包括功率、开关信息、长度以及颜色

（3）请写一个测试程序，要求：

① 创建一个管状灯的实例对象，该灯功率为 32W，长度为 50cm，白色灯光，状态为开。

② 打印输出该灯的相关信息。

第3章 面向对象设计（2）

本章简介

第 2 章我们学习了 Java 的类和继承的知识，本章将重点讲述面向对象技术的抽象和多态性。在 Java 中运用抽象和多态性（方法重载和方法重写）的方法，实现动物特性描述项目中的不同心情的打招呼功能。

3.1 项目任务与目标——利用多态性来描述动物的不同行为

工作任务

1. 分析各种动物不同的叫声和动作
2. 对于不同的动物行为，进行方法重载或方法重写
3. 重新细画各动物类的类图
4. 将类图转换成 Java 代码

技能目标

1. 理解抽象和多态
2. 运用 Java 实现抽象
3. Java 中方法重载的实现
4. 能够在程序中正确使用 this，super，final，static 4 个关键字
5. Java 中方法重写的实现

本章术语

- this——当前的
- super——父类的
- final——固定的
- static——静态的
- abstract——抽象的

3.2 | 技能训练

3.2.1　交通一卡通的车费计算

训练任务

某市交通一卡通的分段计费问题：499 及以下的车，只刷一次（只花 4 角）；而 500～899 的车分段计价，上下车各刷一次；900 及以上的车是售票员上车时间清楚你坐几站路，把车费计算好，使用手持式刷卡器一次性扣除该车费。有人设计了一个 BusCard 类（包括车次编号、全程票价、全程站数），请帮忙编写该类的计费方法。

技能要点

① 理解多态性和实现机制。
② 掌握方法重载技术。
③ 能够在 Java 程序中正确实现方法重载。

任务分析

1. 计费方法多态性分析

计费是公交车的一个特有行为，在类实现中，我们可以编写相应的计费方法。但是，任务中描述的计费方法比较复杂，有直接收 0.4 元的，有分段计费的，还有人工辅助计费的。可见，根据公交车次的不同，应该编写 3 个不同的计费方法，也就是一个计费功能，有多种不同的形式，即多态性。具体交通卡类设计如图 3-1 所示。

在面向对象技术中，实现多态性的机制主要有方法重载和方法重写。方法重载是指在一个类内部，多个同名方法之间的调用机制。方法重写是指在父类和子类之间，对于一个同名方法的处理机制。

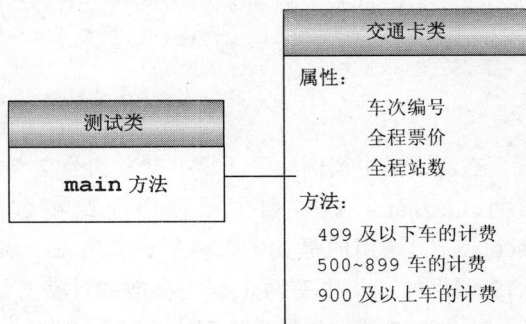

图 3-1　交通卡类设计图

2. 方法重载

在 Java 中，同一个类中的两上或两上以上的方法可以有同一个名字。只要它们的参数声明不同，就可认为此方法是重载方法。此处的参数声明不同是指重载方法的参数类型或数量必须不同。当一个重载方法被调用时，Java 用参数的类型和数量来确定实际调用的重载方法的版本。

重载方法可以具有不同的返回类型，但返回类型本身不足以区分方法的两个版本。

通过以上分析，可以为公交卡类编写 3 个计费方法，实现不同的计费功能，方法的参数声明保持不同即可，具体编码和测试见程序实现部分。

程序实现

```
class BusCard{
    int no;                   //车次编号
    float money;              //全程票价
    int stationNumber;  //全程站数
    BusCard(int no,float money,int stationNumber){
     this.no=no;
     this.money=money;
     this.stationNumber=stationNumber;
    }
    //499及以下车的计费方法
    float Caculator(){return 0.4f;}
    //500~899车的计费方法
    float Caculator(int startStation,int stopStation){
      return
(money/stationNumber) *(stopStation-startStation);}
    //900及以上车的计费方法
    void Caculator(int no){
      System.out.println(no+"此车需要售票员计费! ") ;
      }
    }
public class CardTest {
    public static void main(String[] args) {
      BusCard bus1=new BusCard(420,2.5f,32);
      BusCard bus2=new BusCard(852,5f,38);
      BusCard bus3=new BusCard(991,5f,40);
      System.out.println("您需支付的车费为: "+bus1.Caculator()+"元人民币! ");
      System.out.println("您需支付的车费为: "+bus2.Caculator(3,19)+"元人民币! ");
      bus3.Caculator(991);
    }
}
```

在测试类中实例化了 3 辆公交车的公交卡，分别调用了名为 Caculator 的计费方法，但所给参数不同，bus1.Caculator( )调用的是类中无参的计费方法，bus2.Caculator(3,19)调用的是类中有两个整型参数的计费方法，而 bus3.Caculator(991)调用的是类中有一个整型参数的计费方法。程序运行结果如图 3-2 所示。正确的程序运行结果，说明同名不同参的方法定义和使用都是正确的。

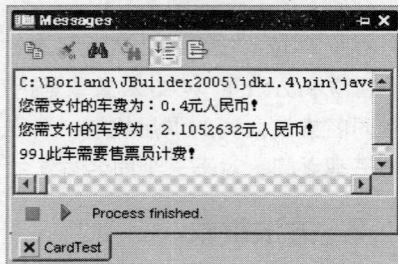

图 3-2　交通一卡通的车费计算程序运行结果图

3.2.2　几何图形的面积计算

训练任务

定义一组具有继承关系的几何图形类，Shape 是父类，包含长、宽两个成员变量，两个构造方法和一个求面积方法。Triangle（三角形）类由 Shape 派生而来，Square（正方形）类也由 Shape 派生而来。我们知道任何图形都有面积，但不同的图形计算面积的方法不同。如何求解 Square 类和 Triangle 类的实例图形面积呢？

技能要点

① 深入理解多态性。
② 掌握方法重写技术。
③ 能够在 Java 程序中正确实现方法重写。

任务分析

1．几何图形类面积计算的多态性分析

从图 3-3 可以看出，每个子类都有求面积的方法。父类的求面积方法不能满足各个子类的个性化面积计算需求，而子类又会继承父类的求面积方法，那么子类的求面积方法如何来实现呢？

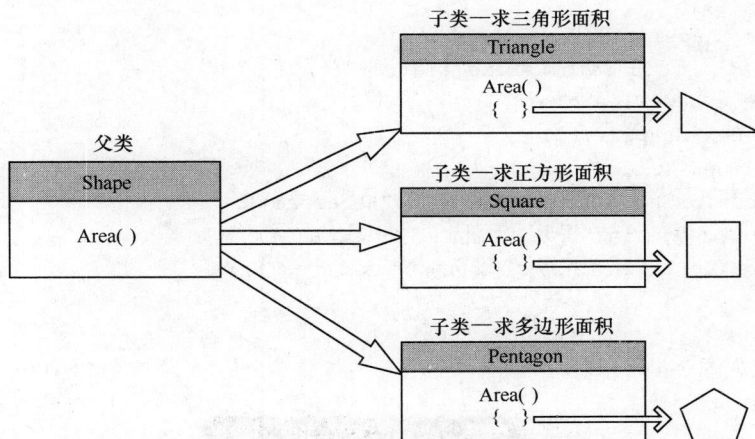

图 3-3　具有继承关系的几何图形类

2．方法重写

在类的继承中，若子类中定义了与父类相同的成员方法，则父类的方法将会被重写（覆盖），即子类成员方法清除父类同名的成员方法所占用的存储空间，从而使得父类的同名方法在子类中不复存在。

说明：
① 重写方法必须和被重写方法具有相同的方法名称、相同的参数列表和相同的返回值类型。
② 重写方法不能使用比被重写方法更严格的访问权限。

根据上面的任务分析，对于几何图形求面积问题，各个图形子类可以重写父类中的求面积方法，按照自己的面积公式来编码即可。

程序实现

```
class Shape{
    int width;
```

```
    int height;
    Shape(){}
    Shape(int w,int h){
    width=w;
    height=h;
    }
    float area(){
    return width*height;
    }
}
 class Triangle extends Shape {
   Triangle(int w,int h){
    super(w,h);
    }
   float area(){
    return width*height*0.5F;
    }
 }
public class ShapeTest {
    public static void main(String[] args) {
      Triangle t=new Triangle(8,6);
      Shape s=new Shape(8,6);
      Shape s2=new Triangle(8,6);
      System.out.println("三角形 t 面积为: "+t.area());
      System.out.println("图形 s 面积为: "+s.area());
      System.out.println("图形 s2 面积为: "+s2.area());
    }
}
```

父类中计算面积的方法

子类中重写父类的计算面积方法

程序运行结果如图 3-4 所示。

图 3-4　几何图形面积计算运行结果图

3.2.3　猜数游戏

训练任务

编写一个简单的文字接口猜数游戏，当猜的数大于给定数值时，输出提示信息"输入的数字较大"；当猜的数小于给定数值时，输出提示信息"输入的数字较小"；当猜的数等于给定数值时，输出提示信息"猜中了"。

技能要点

① 理解抽象类和抽象方法。

② 能熟练使用 Java 中的抽象类和抽象方法。

③ 学会使用 Scanner 类。

任务分析

1．抽象类和抽象方法

在 Java 中定义类时，可以仅声明方法名称而不操作其中的逻辑，这样的方法称为抽象方法。如果一个类中包括了抽象方法，则该类称为抽象类。抽象类是拥有未实现方法的类，所以它不能被用来生成对象，而只能被继承扩展，并于继承后实现未完成的抽象方法。

在 Java 中声明抽象类的语法格式为：

abstract　class 抽象类名{…}

在 Java 中声明抽象方法的语法格式为：

abstract　类型符　方法名（[参数表]）{…}

根据任务描述，设计一个游戏类，其中包括用户输入数据方法、游戏方法和显示信息方法 3 个方法和一个"数字"属性。其中，比大小游戏的基本规则可以实现，而如何取得使用者输入和信息的显示方式并不实现，这种实现方法定义为抽象方法，因为每个用户输入的数据和游戏过程显示的信息都是动态变化的。使用该游戏类的方法是扩展它，并实现其中的抽象方法，具体游戏类和扩展类的设计如图 3-5 所示。

图 3-5　游戏类和扩展类的设计图

2．Scanner 类

Scanner 类是 SDK1.5 新增的一个类，包含在 java.util 包中，是一个用于扫描输入文本的新的实用程序。Scanner 类可以任意地对字符串和基本类型（如 int 和 double）的数据进行分析。借助于 Scanner 类，可以针对任何要处理的文本内容编写自定义的语法分析器。

利用 Scanner 类，实现通过控制台进行数据输入的方法。

① 首先要构造一个 Scanner 对象，它附属于"标准输入流"System.in。

Scanner in = new Scanner(System.in)；

② in 对象调用下列方法，读取用户在命令行输入的各种数据类型:next.Byte()，nextDouble()，nextFloat，nextInt()，nextLine()，nextLong()，nextShot()。

程序实现

AbstractGuessGame.java：

```
package prj3_3;
public abstract class AbstractGuessGame {
    private int number;
    public void setNumber (int number) {
        this.number = number;
    }
    public void start () {
        showMessage ("欢迎");
        int guess = 0;
        do {
            guess = getUserInput();
            if (guess > number) {
                showMessage("输入的数字较大");
            }
            else if (guess < number) {
                showMessage("输入的数字较小");
            }
            else {
                showMessage("猜中了");
            }
        } while(guess != number);
    }
    protected abstract void showMessage ( String message);
    protected abstract int getUserInput ();
}
```

TextModeGame.java：

```
package prj3_3;
import java.util.Scanner;
public class TextModeGame extends AbstractGuessGame {
private Scanner scanner;
public TextModeGame() {
    scanner = new Scanner( System.in);
}
protected void showMessage (String message) {
    for(int i = 0; i < message.length()*2; i++) {
        System.out.print("*");
    }
    System.out.println("\n"+message);
    for(int i = 0; i < message.length()*2; i++) {
        System.out.print("*");
    }
}
protected int getUserInput() {
    System.out.print("\n 输入数字: ");
```

```
        return scanner.nextInt();
}}
```

GuessGameDemo.java：

```
public class GuessGameDemo {
    public static void main ( String[] args) {
        AbstractGuessGame guessGame = new  TextModeGame();
        guessGame.setNumber(50);
        guessGame.start();
}}
```

程序运行结果如图 3-6 所示。

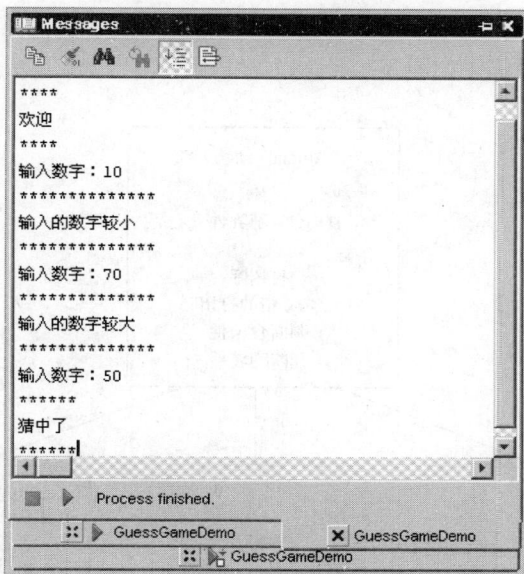

图 3-6　猜数游戏运行结果图

3.3 | 项目学做

3.3.1　项目描述

请用 Java 面向对象技术实现下面对动物特性的描述。

① 狗是一种动物，既是哺乳性的也是肉食性的。通常它见到人会摇尾巴，看到陌生人受到惊吓时会"汪汪"叫，看到熟悉的人高兴时会摇头摆尾。

② 猫是一种动物，既是哺乳类的也是肉食性的。通常它会发出"喵喵"的声音；在晒太阳很舒服时，会发出"咕噜咕噜"的声音；而在受到惊吓时，会翘起小胡子。

③ 青蛙是一种动物，既不是哺乳类的也不是肉食性的。通常它会发出"呱呱"的叫声；当高兴时会蹲在荷叶上引吭高歌；而天气闷热心情烦躁时，会发出"哇哇"的叫声。

3.3.2　项目分析

通过项目描述可以看出，每种动物在第 2 章项目描述的基础上又增加了关于心情好坏的描述。

① 在动物类中打招呼方法的方法体不确定，可以定义为抽象方法，动物类定义为抽象类，猫、狗和青蛙子类分别继承动物类，并实现动物类中的抽象方法。

② 心情不同，动物表现的动作或叫声也不同，所以心情可以作为打招呼方法的参数。

③ 3 种动物都有心情变化，所以采用继承机制。在父类（动物类）中添加一个"心情"属性，添加一个与心情有关的打招呼方法，该方法的具体实现随动物不同而不同，所以声明为抽象方法。

④ 3 个子类重写父类的（与心情有关）打招呼抽象方法，继承"心情"属性。

新的动物特性系统类图描述如图 3-7 所示。

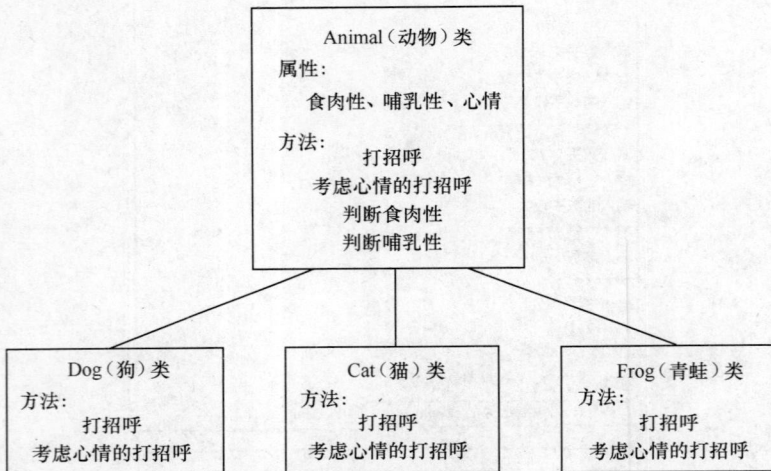

图 3-7　动物特性系统类图

3.3.3　编写动物类的打招呼方法

程序实现：

```java
abstract class Animal {
    boolean mammal = true;
    boolean carnivorous = true;
    int mood=1;
    void setMood(int n){mood=n;}
    int getMood(){return mood;}
    boolean isMammal() { return(mammal); }
    boolean isCarnivorous() { return(carnivorous); }
    abstract  void sayHello();
    abstract  void sayHello(int moodvar);
}
```

3.3.4　编写猫类、狗类和青蛙类的打招呼方法

程序实现：

```
class Dog extends Animal {
  void sayHello() {
      System.out.println("狗看到主人会摇尾巴");}
  void sayHello(int moodvar){
      this.setMood(moodvar);
      if(this.mood==1)
      { System.out.println("狗看到熟悉的人高兴时会摇头摆尾");}
       else if(this.mood==0){
      System.out.println("狗看到陌生人受到惊吓时会"汪汪"叫");}
      }
}
class Cat extends Animal {
  void sayHello() {
      System.out.println("猫通常会发出"喵喵"的声音");}
  void sayHello(int moodvar){
      this.setMood(moodvar);
      if(this.mood==1)
      { System.out.println("猫在晒太阳很舒服时，会发出"咕噜咕噜"的声音");}
       else if(this.mood==0){
      System.out.println("猫在受到惊吓时，会翘起小胡子");}
      }
}
class Frog extends Animal {
    Frog() { mammal = false;  carnivorous = false; }
    void sayHello() {
      System.out.println("青蛙通常会发出"呱呱"的叫声");}
  void sayHello(int moodvar){
      this.setMood(moodvar);
      if(this.mood==1)
      { System.out.println("青蛙高兴时会蹲在荷叶上引吭高歌");}
      else if(this.mood==0){
      System.out.println("青蛙天气闷热心情烦躁时，会发出"哇哇"的叫声");}
      }
}
```

3.3.5　编写测试类

编写一个含 main() 方法的测试类，分别实例化以上猫、狗和青蛙 3 个类的 3 个对象，测试带参打招呼方法实现的正确性。

程序实现：

```
public class HelloWorld {
    public static void main(String[] args) {
       //构造 3 个动物对象
```

```
    Dog animal1 = new Dog();
    Cat animal2 = new Cat();
    Frog animal3 = new Frog();
    //狗类对象的使用
    System.out.println("--------关于狗的描述----------");
    if (animal1.isMammal())
      System.out.println("狗是哺乳动物");
    else
      System.out.println("狗不是哺乳动物");
    if (animal1.isCarnivorous())
      System.out.println("狗是肉食动物");
    else
      System.out.println("狗不是肉食动物");
    animal1.sayHello() ;
    animal1.sayHello(1) ;
    animal1.sayHello(0) ;
    //猫类对象的使用
  System.out.println("--------关于猫的描述----------");
    if (animal2.isMammal())
      System.out.println("猫是哺乳动物");
    else
      System.out.println("猫不是哺乳动物");
    if (animal2.isCarnivorous())
      System.out.println("猫是肉食动物");
    else
      System.out.println("猫不是肉食动物");
    animal2.sayHello();
    animal2.sayHello(1);
    animal2.sayHello(0);
  System.out.println("--------关于青蛙的描述--------");
    //青蛙类对象的使用
    if (animal3.isMammal())
      System.out.println("青蛙是哺乳动物");
    else
      System.out.println("青蛙不是哺乳动物");
    if (animal3.isCarnivorous())
      System.out.println("青蛙是肉食动物");
    else
      System.out.println("青蛙不是肉食动物");
    animal3.sayHello();
    animal3.sayHello(1);
    animal3.sayHello(0);
  }
}
```

程序的运行结果如图 3-8 所示，调用带"心情"参数的打招呼方法，猫、狗和青蛙在不同心情时的打招呼动作和叫声能够正确地显示出来，说明类结构的设计是正确的，抽象和方法重写技术的应用是成功的。

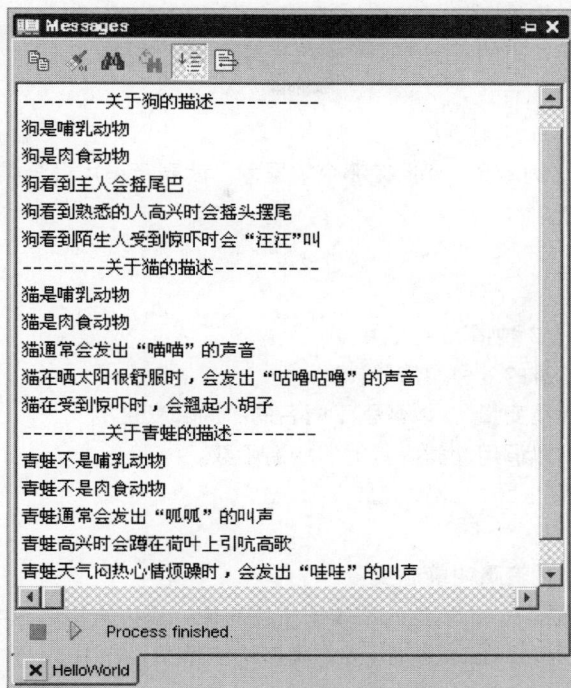

图 3-8　程序运行结果图

同时，在一个类中有两个同名的打招呼方法，只有参数列表和返回值不同，它们能够正确地被调用，说明进行了有效、正确的方法重载。

3.4 项目小结

3.4.1　技能回顾

本章重点讲述了面向对象技术的抽象和多态性，以及在 Java 中实现抽象和多态性（方法重载和方法重写）的方法，并实现了动物特性描述项目中的不同心情的打招呼功能，主要内容如下。

① 在类设计时，如果某些方法无法具体实现，则可定义成抽象方法，该方法所在的类定义成抽象类。

② 抽象类必须被某些子类继承，在子类中必须实现抽象类中所有的抽象方法。

③ 如果在一个类内部定义了两个或两个以上的同名方法，则构成了方法重载。重载方法间必须能够通过参数类型和参数数目唯一地区分开，否则系统认为是同一方法，编译出错，方法返回类型不同不能作为构成重载的必要条件。

④ 在类继承中，如果父类的方法不能满足子类的需求，子类可以重写父类的方法，要求方法声明完全一致，方法体可以根据个性化需求来实现。

⑤ 利用 Scanner 类，实现通过控制台进行数据输入的方法。

3.4.2　知识拓展

1．this 关键字

this 用来引用该对象实例本身，this 在哪个类里面，就表示调用哪个类的变量（或方法）。

this 关键字使用格式为：

this.变量名

this.方法名

this 关键字通常在以下 3 种情况中使用。

① 取得此对象实例本身的"引用值"。

② 在函数内指向"成员变量"，以区别于同名的"局部变量"。

③ 用于构造函数内，以调用此类内其他的构造函数。

2．static 修饰符

（1）static 修饰符修饰的变量叫静态变量

静态变量也称为类变量，它属于类而不属于任何对象，可以直接通过类名访问，也可以通过类实例来访问。在第一次使用时，Java 会对 static 类型的变量初始化。

（2）static 修饰符修饰的方法叫静态方法

静态方法同静态变量一样是类的一部分，所以也叫类方法。可以通过类本身去访问这些方法，而不需要类的一个实例来运行该方法。

关于静态方法的注意事项有如下几点。

① 静态方法中只能调用其他的静态方法。

② 静态方法必须访问静态数据。

③ 在静态方法中不能使用关键字 this 和 super。

Java 应用程序加载时，main()方法可以被执行，因为 main()方法是一个静态方法，可以在不创建对象实例的情况下就被系统调用执行。

3．final 修饰符

当需要定义一个不能修改的类、方法或变量时，可以使用 final 修饰符。具体使用情况如下。

① final 用于声明变量时，必须将其初始化，且变量值不可改变。可认为 final 变量就是常量。

② final 用于声明方法时，该方法不可被子类重写。

③ final 用于声明类时，该类不能被继承。

④ 若对象声明为 final，该对象的引用不能更改，但它的值可以更改。

4．super 关键字

super 表示对当前对象的直接父类对象的引用，Java 中通过 super 来实现对父类中成员的访问。在子类中用 super 关键字可直接访问其父类，而不用在子类中创建其父类的对象，使得父类和子类的关系更为密切。

若子类的成员变量或成员方法与父类的成员变量或成员方法名相同，当要调用父类的同名方法或使用父类的同名变量时，则可以使用关键字 super 来指明父类的成员变量和成员方法。super 的使用有 3 种情况。

   ① 访问父类被隐藏的成员变量。

   ② 调用父类中被重写的方法。

   ③ 调用父类的构造方法。

3.5 实战练习

1. 填空与选择

（1）对于下面的两个类，BaseClass 是 SubCalss 的_____，A～E 选项中的（两个）_____是 BaseClass 类 getVar ( ) 方法的覆盖方法。

```
class BaseClass {
  private float x = 1.0f;
  protected float getVar ( ) ( return x;)
}
class Subclass extends BaseClass {
  private float x = 2.0f;
  : }
```

   A.　float getVar ( ) { return x;}　　　　　　B.　public float getVar ( ) { return x;}

   C.　float double getVar ( ) { return x;}　　　D.　protected float getVar ( ) { return x;}

   E.　public float getVar (float f) { return f;}

（2）下面的程序中类 ClassDemo 中定义了一个静态变量 sum，程序段的输出结果为_____。

```
class ClassDemo {
 public static int sum=1;
 public ClassDemo()
 {sum=sum+5;}
 }
 class ClassDemoTest{
 public static void main(String []args) {
 ClassDemo demo1=new ClassDemo();
 ClassDemo demo2=new ClassDemo();
 System.out.println(demo1.sum);
 }
 }
```

   A. 0　　　　　　　　　B. 6　　　　　　　　　C. 11　　　　　　　　　D. 2

（3）给出如下的程序，A～E 选项中与构造方法 ConstOver 重载的两个构造方法是_____。

```
public class ConstOver {
  public ConstOver (int x, int y, int z) { } }
```

   A.　ConstOver ( ) { }

   B.　Protected int ConstOver ( ) { }

   C.　Private ConstOver (int z，int y，byte x) { }

    D. public Object ConstOver (int x，int y，int z) { }

    E. public void ConstOver (byte x，byte y，byte z) { }

（4）下面代码定义的接口中，方法 MyMethod( )的修饰属性为_____。

```
interface InterfaceDemo {
  int MyMethod();
}
```

    A. friendly

    C. public static abstract

    B. public abstract

    D. protected

（5）抽象类和接口的使用：

```
interface Runner{public void run();}
interface Swimmer{public double swim();}
abstract class Animal{abstract public int eat();}
class Person extends Animal implements Runner,Swimmer{
  public void run(){System.out.println("run!");}
  public double swim(){int speed=20;return speed;}
  public int eat(){return 3;}
}
public class Test{
  public static void main(String[]args){
    Test t=new Test();
    Person p=new Person();
    t.m1(p);
    t.m2(p);
    t.m3(p);
  }
  public void m1(Runner f){f.run();}
  public void m2(Swimmer s){System.out.println(s.swim());}
  public void m3(Animal a){System.out.println(a.eat());}
}
```

运行结果为_____。

2．编程题

（1）定义一个 Person 类，可以在应用程序中使用该类。

成员属性：Person 类的属性（变量）。

    姓名：name，字符串类型：String；

    性别：sex，字符型：char；

    年龄：age，整型：int。

3 个重载的构造函数：

```
    public Person(String s)              //设置姓名
    public Person(String s,char c)       //调用本类的构造函数
     Person(String s)                    //设置性别
    public Person(String s, char c,int i) //调用本类的构造函数
    PersonPerson(String s,char)          //设置年龄
```

一个成员方法：

```
    public String toString()             //获得姓名、性别和年龄
```

利用定义的 Person 类实例化对象，输出下面的结果。

姓名：张三　　性别：男　年龄：21

（2）定义一个学生（Student）类，它继承自 Person 类。

① Student 类有以下几个变量。

继承自父类的变量：姓名（name），字符串类型（String）；性别（sex），字符型（char）；年龄（age），整型（int）。

子类新增加的变量：学号（number），长整型；

3 门功课的成绩：哲学（phi），整型；英语（eng），整型；计算机（comp），整型。

② Student 类有以下几个方法。

子类新增加的方法如下。

① 求 3 门功课的平均成绩 aver( )：该方法没有参数，返回值类型为 double 型。

② 求 3 门功课成绩的最高分 max( )：该方法没有参数，返回值为 int 型。

③ 求 3 门功课成绩的最低分 min( )：该方法没有参数，返回值为 int 型。

重写父类的同名方法 toString( )来获取学号、姓名、性别、平均分、最高分、最低分信息。

利用定义的 Student 类实例化对象，输出下面的结果。

学号：1234567 姓名：张三　性别：男　平均分：90.0 最高分：95 分　最低分:87

第4章 面向对象设计（3）

本章简介

第 3 章我们学习了面向对象技术的抽象和多态性，以及 Java 中实现抽象和多态性（方法重载和方法重写）的方法。本章将重点讲述接口设计思想和 Java 中实现接口的方法，并实现动物特性描述项目中的水生动物和陆生动物的特性描述。

4.1 项目任务与目标——利用接口描述动物的水生和陆生特性

工作任务

1. 完善动物特性描述项目
2. 对于不同的动物行为，进行方法重载或方法重写
3. 重新细画系统的类图
4. 将接口设计思想转换成 Java 代码

技能目标

1. 掌握 Java 接口
2. 理解 Java 接口与多态的关系
3. 掌握面向接口编程的思想
4. 掌握 Java 中接口的实现

本章术语

➢ interface——接口
➢ implements——实现

4.2 | 技能训练

4.2.1 绘制不同的几何图形

训练任务

本项任务是定义一组具有继承关系的几何图形类。ShapeParent 是图形父类，包含 4 个数据成员（图形左上角坐标 x 和 y，颜色 c，图形对象 g），一个构造方法。Square（正方形）类由 ShapeParent 派生而来，Rectangle（长方形）类也由 ShapeParent 派生而来。我们如何编程实现在屏幕上绘制出不同图形呢？

技能要点

① 理解什么是接口。
② 掌握编写 Java 接口的方法。
③ 能够正确有效地使用 Java 接口。

任务分析

对于训练任务中所描述的图形绘制任务，我们可以根据图形类的继承关系，在父类 ShapeParent 中定义一个抽象绘图方法，各个子类分别实现父类的抽象绘图方法。显然，这个解决方法没有问题，但是在 Java 中还有其他的方法，就是 Java 接口编程技术。

1. 什么是 Java 接口

现实生活中的接口随处可见，如图 4-1 所示的计算机主板的接口。声卡、网卡、显卡、CPU、电源和磁盘等设备都是通过不同的接口规范，插在主板上组装起来协调工作的。在主板上的这些接口，特别是 PCI 插槽的规范就类似于 Java 接口。组装机器时可以把声卡、网卡和显卡插在任意一个 PCI 扩展槽上，根本不用区分哪个 PCI 插槽是专门用来插入哪个卡的，即对外提供统一的接口标准，而每个接口卡的内部结构是各不相同的，类似于 Java 接口的具体实现各不相同。

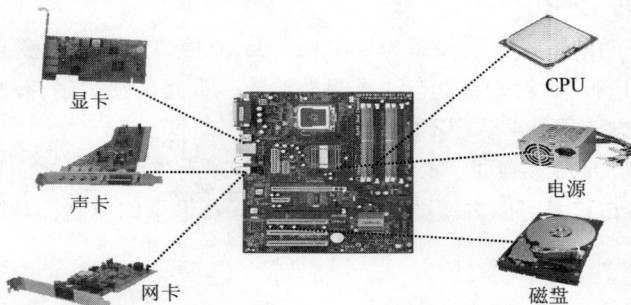

图 4-1 计算机主板的接口示意图

根据任务中的描述，我们可以定义一个接口，接口中包含绘图方法的声明，但没有具体实现。各个图形子类可以根据需要实现接口，编写不同的绘图功能。

2．实现 Java 接口

一个 Java 接口是一些方法和常量的集合，但没有方法的实现。Java 接口中定义的方法在不同的地方被实现，可以具有完全不同的行为。

接口声明的语法格式为：

```
interface  接口名字 { }
例如: interface Shape{
         void draw();
      }
```

定义一个接口名字为 Shape，接口中声明了一个 draw 方法。

3．使用 Java 接口

当一个 Java 接口被定义后，就可以根据需要被不同的类实现。一个类可以实现多个接口，一个接口也可以被多个类实现，类和接口间没有继承关系的限制。类实现接口的语法形式为：

[类修饰符] class 类名 [extends 基类名] implements 接口名{

　　　　…//成员变量声明

　　　　…//成员方法声明

　　　　…//实现接口中的方法

　　　　}

例如：在 Rectangle（长方形）中实现 Shape 接口的 draw 方法，代码如下。

```
class Rectangle extends ShapeParent implements Shape{
    int a,b;
    Rectangle(int x,int y,Color c,Graphics g,int a,int b){
        super(x,y,c,g);
        this.a=a;
        this.b=b;
    }
  public void draw(){
    g.setColor(c) ;
    g.fillRect(x,y,a,b);
    }
}
```

在使用 Java 接口时，需要注意以下几点。

① Java 接口不能被实例化。

② Java 接口中声明的成员自动设置为 public，Java 接口中声明的变量在编译时会自动加上 public static final 的修饰符。也就是说，自动声明为常量，即 Java 接口是存放常量的最佳地点。

③ Java 接口中的方法只是声明，不能具体实现。

④ 在类中实现某个 Java 接口时，必须实现该接口的所有方法。

综上所述，利用接口技术可以方便灵活地实现不同子类图形的绘制，具体代码如下。

❖ 程序实现

```
import java.applet.*;
import java.awt. *;
interface Shape{
    void draw();
}
```

```
class ShapeParent {
    int x,y;
    Color c;
    Graphics g;
    ShapeParent(int x,int y,Color c,Graphics g){
    this.x=x; this.y=y;this.c=c;this.g=g;
    }
}
class Square extends ShapeParent implements Shape{
    int a;
    Square(int x,int y,Color c,Graphics g,int a){
        super(x,y,c,g);
        this.a=a;
    }
  public void draw(){
    g.setColor(c) ;
    g.fillRect(x,y,a,a);
    }
}
  class Rectangle extends ShapeParent implements Shape{
    int a,b;
    Rectangle(int x,int y,Color c,Graphics g,int a,int b){
        super(x,y,c,g);
        this.a=a;
        this.b=b;
    }
   public void draw(){
    g.setColor(c) ;
    g.fillRect(x,y,a,b);
    }
}
public class ShapeDemo extends Applet{
    public  void paint(Graphics g) {
        Square s=new Square(60,60,Color.BLUE ,g,100) ;
        Rectangle r=new Rectangle(260,60,Color.RED ,g,100,60) ;
        s.draw() ;
        r.draw();
    }
}
```

　　程序运行结果如图 4-2 所示，Square 类的对象 s 和 Rectangle 类的对象 r 分别调用了接口方法 draw()，绘制出了不同的图形（正方形和长方形），因为 Square 类和 Rectangle 类对接口方法 draw() 的具体实现是不同的。

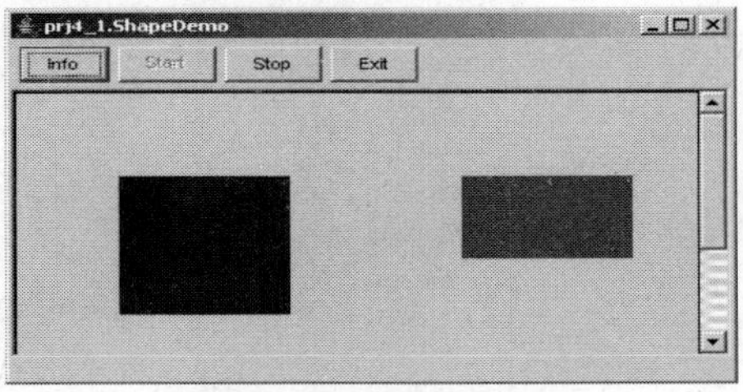

图 4-2　程序运行结果图

4.2.2 几何图形的面积计算

训练任务

在 3.3.2 节的实训任务中，通过方法重写技术解决了求解不同图形面积的问题。请采用面向接口编程的方法，解决不用图形面积的求解问题。

技能要点

① 理解为什么需要 Java 接口。
② 掌握接口和抽象类、方法重写的区别。
③ 能够正确使用接口编程。

任务分析

对于训练任务中所描述的几何图形面积的计算任务，我们可以采用 3 种方法来实现。

① 按照 3.3.2 节实训任务中的解决方案，根据图形类的继承关系，通过方法重写技术求解不同图形面积。

② 按照 3.3.3 节实训任务中的抽象类的技术，根据图形类的继承关系，定义一个抽象图形父类，其中包含一个求面积的抽象方法，而其他图形子类分别实现自己的求面积方法即可。

③ 采用 4.2.1 节中的接口技术来求面积，首先定义一个含有求面积方法声明的接口，然后在不同的图形类中实现求面积的方法。不同图形求面积方法不同，具体代码如下。

程序实现

```java
package prj4;
interface Calc{
    float area();
}
class Shape{
    int width;
    int height;
    Shape(){}
    Shape(int w,int h){
    width=w;
    height=h;
    }
}
class Triangle extends Shape implements Calc{
    Triangle(int w,int h){
      super(w,h);
    }
    public float area(){
        return width*height*0.5F;
    }
  }
class  Trapeziumextends extends Shape implements Calc{
```

```
        int gao;
        Trapeziumextends(int w,int h,int gao){
            super(w,h);
            this.gao =gao;
        }
        public float area(){
         return (width+height) *gao*0.5F;
    }
}
public class AreaTest {
    public static void main(String[] args) {
        Triangle t=new Triangle(6,8) ;
        Trapeziumextends t2=new Trapeziumextends(6,8,10) ;
        System.out.println("三角形的面积为: "+t.area() );
        System.out.println("梯形的面积为: "+t2.area() ) ;
    }
}
```

程序的运行结果如图 4-3 所示，图中正确地输出了底为 6、高为 8 的三角形的面积和上底为 6、下底为 8、高为 10 的梯形的面积。

那么，面对这么多的解决方法，为什么还要创建接口，接口和抽象类、方法重写有什么区别吗？

1．为什么需要接口

面向接口编程可以实现接口和实现的分离，这样做的最大好处就是能够在客户端未知的情况下修改实现代码。那么什么时候应该抽象出 Java 接口呢？一般是用在层和层之间的调用。层和层之间最忌讳耦合度过高或改变过于频繁，设计优秀的接口能够解决这个问题。

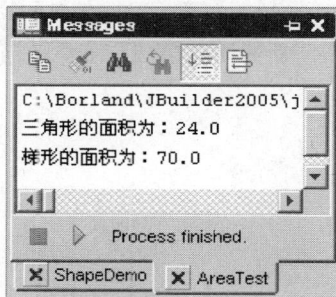

图 4-3　程序运行结果图

另一种是用在那些不稳定的部分上。如果某些需求的变化性很大，那么定义接口也是一种解决之道。设计良好的接口就像是我们日常生活中使用的万能插座一样，不论欧标、美标等插头都可以使用。

2．接口和抽象类的区别

读者似乎会感觉到能用接口解决的问题，用抽象类的抽象方法也能解决，其实不然。在抽象类中声明的所有抽象方法，在继承它的子类中都要实现，并且类不允许多继承。而接口的思想在于它可以增加很多类都需要实现的功能，使用相同接口的类不一定有继承关系，并且一个类可以实现多个接口，一个接口也可以被多个类实现。

4.3 ｜ 项目学做

4.3.1　项目描述

请用 Java 的面向对象技术实现下面对动物世界的描述。

① 狗是一种陆生动物，既是哺乳性的也是肉食性的。通常它见到人会摇尾巴，当看到陌生人受到惊吓时会"汪汪"叫，看到熟悉的人高兴时会摇头摆尾。

② 猫是一种陆生动物，既是哺乳性的也是肉食性的。通常它会发出"喵喵"的声音；当晒太阳很舒服时，会发出"咕噜咕噜"的声音；而在受到惊吓时，会翘起小胡子。

③ 青蛙是一种两栖动物，既不是哺乳性的也不是肉食性的。通常它会发出"呱呱"的叫声；当高兴时会蹲在荷叶上引吭高歌；而天气闷热心情烦躁时，会发出"哇哇"的叫声。

4.3.2 项目分析

通过项目描述可以看出，每种动物在第 3 章项目描述的基础上又增加了关于陆生动物和两栖动物的描述。

① 两栖动物既是水生动物又是陆生动物。显然，不能将水生动物和陆生动物定义为两个类，因为 Java 是单继承的，而青蛙是两栖动物。

② 接口技术可以解决 Java 是单继承的缺陷，我们将定义水生和陆生两个接口，来描述现实世界的现象。

③ 3 个子类根据各自的特点分别实现所需要的接口类。

新的动物特性系统类图描述如图 4-4 所示。

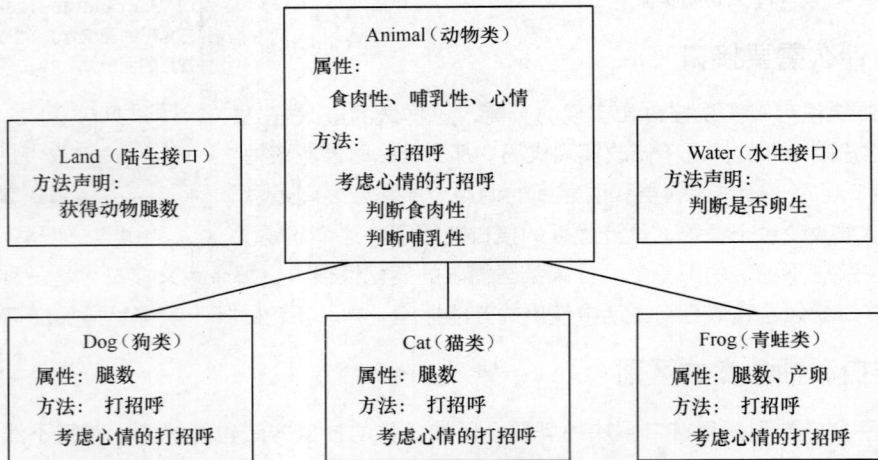

图 4-4 完整动物特性描述类图

4.3.3 定义水生和陆生接口

根据上面的分析，定义出两个接口：陆生动物接口和水生动物接口。

程序实现：

```
interface LandAnimals{
    int getNumLegs();
}                          //陆生动物接口定义
interface WaterAnimals{
   boolean isGills();
}                          //水生动物接口定义
```

4.3.4　在类中实现需要的接口

狗是陆生动物，有 4 条腿，完善狗类的定义，实现对陆生动物接口的继承。

程序实现：

```
class Dog extends Animal implements LandAnimals{
    int NumLegs=4;
    public int getNumLegs(){
     return NumLegs;
     }
     void sayHello() {
        System.out.println("狗看到主人会摇尾巴");}
     void sayHello(int moodvar){
        this.setMood(moodvar);
        if(this.mood==1)
       { System.out.println("狗看到熟悉的人高兴时会摇头摆尾");}
        else if(this.mood==0)
       System.out.println("狗看到陌生人受到惊吓时会"汪汪"叫");}
     }
}
```

猫是陆生动物，有 4 条腿，完善猫类的定义，实现对陆生动物接口的继承。

程序实现：

```
class Cat extends Animal implements LandAnimals{
    int NumLegs=4;
    public int getNumLegs(){
        return NumLegs;
    }
    void sayHello() {
        System.out.println("猫通常会发出"喵喵"的声音");}
    void sayHello(int moodvar){
        this.setMood(moodvar);
        if(this.mood==1)
        { System.out.println("猫在晒太阳很舒服时，会发出"咕噜咕噜"的声音");}
        else if(this.mood==0){
        System.out.println("猫在受到惊吓时，会翘起小胡子");}
    }
}
```

青蛙是两栖动物，有 4 条腿，有鳃，完善青蛙类的定义，实现对陆生和水生动物接口的继承。

程序实现：

```
class Frog extends Animal implements WaterAnimals{
    boolean Gills=true;
    int NumLegs=4;
    Frog() { mammal = false;  carnivorous = false; }
    public boolean isGills(){
    return  Gills;
    }
```

```
        public int getNumLegs(){
           return NumLegs;
        }
        void sayHello() {
             System.out.println("青蛙通常会发出"呱呱"的叫声");}
        void sayHello(int moodvar){
             this.setMood(moodvar) ;
             if(this.mood==1)
           { System.out.println("青蛙高兴时会蹲在荷叶上引吭高歌");}
             else if(this.mood==0){
             System.out.println("青蛙天气闷热心情烦躁时，会发出"哇哇"的叫声");}
         }
}
```

4.3.5　编写测试类

编写一个含 main()方法的测试类，分别实例化以上猫、狗和青蛙 3 个类的 3 个对象，测试接口功能实现的正确性。

程序实现：

```
public class HelloWorld {
    public static void main(String[] args) {
        //构造 3 个动物对象
        Dog animal1 = new Dog();
        Cat animal2 = new Cat();
        Frog animal3 = new Frog();
        //狗类对象的使用
        System.out.println("--------关于狗的描述----------");
        if (animal1.isMammal())
           System.out.println("狗是哺乳动物");
        else
           System.out.println("狗不是哺乳动物");
        if (animal1.isCarnivorous())
           System.out.println("狗是肉食动物");
        else
           System.out.println("狗不是肉食动物");
        System.out.println("狗是陆生动物，有"+animal1.getNumLegs() +"条腿！");
        animal1.sayHello() ;
        animal1.sayHello(1) ;
        animal1.sayHello(0) ;
        //猫类对象的使用
       System.out.println("--------关于猫的描述----------");
        if (animal2.isMammal())
           System.out.println("猫是哺乳动物");
        else
           System.out.println("猫不是哺乳动物");
        if (animal2.isCarnivorous())
           System.out.println("猫是肉食动物");
        else
```

```
        System.out.println("猫不是肉食动物");
      System.out.println("猫是陆生动物，有"+animal2.getNumLegs() +"条腿！");
      animal2.sayHello() ;
      animal2.sayHello(1) ;
      animal2.sayHello(0) ;
   System.out.println("--------关于青蛙的描述----------");
      //青蛙类对象的使用
      if (animal3.isMammal())
        System.out.println("青蛙是哺乳动物");
      else
        System.out.println("青蛙不是哺乳动物");
      if (animal3.isCarnivorous())
        System.out.println("青蛙是肉食动物");
      else
        System.out.println("青蛙不是肉食动物");
      System.out.println("青蛙是陆生动物，有"+animal3.getNumLegs() +"条腿！");
      if(animal3.isGills() ==true)
      System.out.println("青蛙是水生动物，有腮！");
      animal3.sayHello() ;
      animal3.sayHello(1) ;
      animal3.sayHello(0) ;
   }
}
```

程序运行结果如图 4-5 所示，图中对于 3 种动物都正确地输出了水生或陆生特性等信息，说明各类对接口的实现是正确的，并且也验证了接口是解决 Java 类单继承缺陷的有效手段。

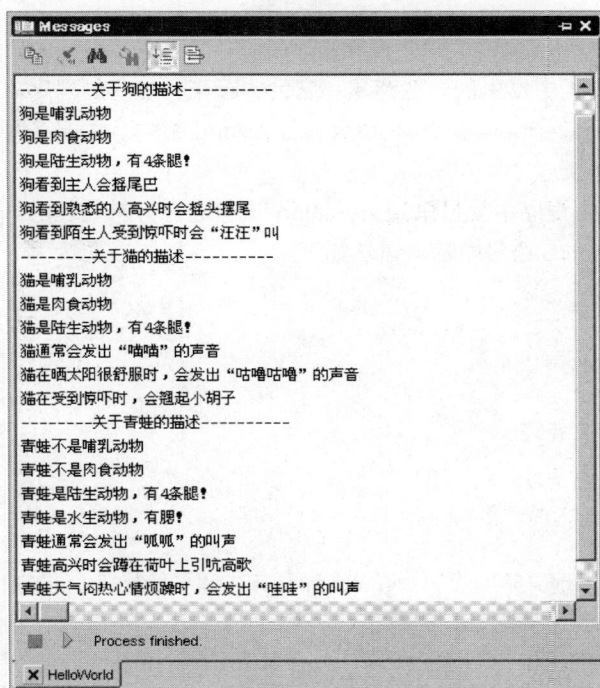

图 4-5　程序运行结果图

4.4 项目小结

4.4.1 技能回顾

本章重点讲述了接口设计思想和在 Java 中实现接口的方法，并实现了动物特性描述项目中的水生动物和陆生动物的特性描述，主要内容如下。

① 一个 Java 接口是一些方法和特性的集合，但没有方法的实现。Java 接口中定义的方法在不同的地方被实现，可以具有完全不同的功能。

② 面向接口的编程意味着开发系统时，主体构架使用接口，接口构成系统的框架，进而可以通过更换实现接口的类来更换系统的实现。

③ Java 接口中声明的成员自动设置为 public，所以在实现接口的类中，接口方法实现时要加上 public 访问修饰符。

④ Java 接口中声明的变量在编译时会自动加上 public static final 的修饰符，也就是说，自动声明为常量，即 Java 接口是存放常量的最佳地点。

⑤ 在类中实现某个 Java 接口时，必须实现该接口的所有方法。

4.4.2 知识拓展

1. 异常处理

异常是在程序运行过程中发生的一些错误，它会中断正在运行的程序。

在 Java 中，异常类 Exception 和 Error 包含在 java.lang 包中。关于各种异常的描述，均是异常类 Exception 和 Error 的子类。

通常情况下，在 Java 程序中就是采用 try-catch 语句进行异常处理的。这种方法既好用，又容易让开发人员理解。try-catch 语句的基本语法如下。

```
try
{
//此处是可能出现异常的代码
}
catch(Exception e)
{
//此处是如果发生异常处理的代码
}
```

在 try 语句中放可能出现异常的代码；在 catch 语句中需要给出一个异常的类型和该类型的引用，并在 catch 语句中放当出现该异常类型时需要执行的代码。

注意：

① try-catch 语句对有可能发生异常的程序进行查看，如果没有发生异常，就不会执行 catch

语句中的内容。在程序中如果不使用 try-catch 语句，则当程序发生异常的时候，会自动退出程序的运行。

② try-catach 语句中的 catch 语句可以不止一个，即可以存在多个 catch 语句来定义可能发生的多个异常。当处理任何一个异常时，将不再执行其他 catch 语句。

③ 当对程序使用多个 catch 语句进行异常处理时，特别需要注意的是要将范围相对小的异常放在前面，将范围相对大的异常放在后面，这通过程序是很容易理解的。

2．finally 语句

在实际开发中经常要使用到 finally 语句，尤其是将在后面学习到的数据库操作中。连接数据库是可能发生异常的，当然也可能不发生异常。但是有一点，不管是否发生异常，连接数据库所用到的资源都是需要关闭的，这些操作必须执行，这些执行语句就可以放在 finally 语句中，即在 finally 语句中就是放肯定会被执行的语句。

finally 语句的语法形式如下。

```
try
{
    //此处是可能出现异常的代码
}
catch(Exception e)
{
    //此处是如果发生异常的处理代码
}
finally
{
    //此处是肯定被执行的代码
}
```

注意：finally 语句虽然在程序中肯定执行，但是为了确保知识的严谨性，这里也给出了几个可能会中断 finally 语句执行的情况。

① finally 语句本身就产生异常。

② 执行 finally 语句的线程死亡。

③ 程序执行到 finally 语句时停电了。

4.5 实战练习

1．填空与选择

（1）关于接口的描述正确的是_____。

    A．接口可以缓解 Java 类的单继承问题

    B．接口中的方法可以只声明，也可以实现

    C．接口不能继承

    D．接口中可以声明常量和变量

（2）下面_____不是获得多态性技术的条件。

    A. 对派生类对象方法的调用必须通过基类类型的变量

    B. 被调用的方法必须也是基类的成员

    C. 在基类与派生类中方法的返回类型必须相同

    D. 在基类中必须实现被调用的方法

（3）下面代码定义的接口中，方法 MyMethod() 的修饰属性为_____。

```
interface InterfaceDemo {
    int MyMethod();
}
```

    A. friendly   B. public abstract

    C. public static abstract   D. protected

（4）接口的定义如下，则_____选项是正确的。

```
interface A {    int method1(int i);    int method2(int j); }
```

    A. class B implements A {   B. class B {

       int method1() { }   int method1(int i) { }

       int method2() { }   int method2(int j) { }

       }   }

    C. class B implements A {   D. class B extends A {

       int method1(int i) { }   int method1(int i) { }

       int method2(int j) { }   int method2(int j) { }

       }   }

（5）抽象类和接口的使用。

```
interface Runner{public void run();}
interface Swimmer{public double swim();}
abstract class Animal{abstract public int eat();}
class Person extends Animal implements Runner,Swimmer{
    public void run(){System.out.println("run!");}
    public double swim(){int speed=20;return speed;}
    public int eat(){return 3;}
}
public class Test{
    public static void main(String []args){
      Test t=new Test();
      Person p=new Person();
      t.m1(p);
      t.m2(p);
      t.m3(p);
    }
    public void m1(Runner f){f.run();}
    public void m2(Swimmer s){System.out.println(s.swim());}
    public void m3(Animal a){System.out.println(a.eat());}
}
```

运行结果为：_____。

2．编程题

定义一个接口，声明一个方法计算圆的面积（根据半径），再用一个具体的类去实现这个接口，编写一个测试类使用这个接口，观察运行结果。

第5章

聊天室图形用户界面（GUI）设计

本章简介

前面我们学习了 Java 面向对象程序设计的思想和方法，从本章开始将结合一个局域网聊天室系统的设计过程，学习 Java 应用程序的设计和编码。本章重点讲解利用轻量级（Swing）组件和重量级（AWT）组件编写 Java 程序的 GUI，运用 Swing 组件实现聊天室客户端和服务器端界面的设计。

聊天室系统（Chat）需求说明

需要开发一个基于 C/S 结构的聊天室系统，实现局域网内的用户间信息和文件的收发功能。

聊天室客户端的功能：

① 用户必须先注册为聊天室的合法用户；

② 用户成功登录后可以进入聊天室；

③ 用户可以收发信息和文件。

聊天室服务器端的功能：

① 收发信息和文件；

② 保存聊天记录；

③ 显示当前在线用户名称

5.1 项目任务与目标——设计聊天室用户界面

工作任务

1. 聊天室客户端界面设计
2. 聊天室服务器端界面设计

技能目标

1. 了解抽象窗口工具包（AWT）
2. 理解轻量级（Swing）组件与重量级（AWT）组件的区别

3. 掌握 Java 常用布局管理器的使用

4. 运用常用 Swing 组件编写 Java 应用程序的 GUI

5. 掌握菜单栏和工具栏的设计

6. 能够运用 JTable 组件和 JTree 组件

7. 能够灵活实现 Java 程序的事件处理机制

本章术语

➢ Character User Interface（CUI）——字符用户界面

➢ Graphical User Interface（GUI）——图形用户界面

➢ Abstract Window Toolkit（AWT）——抽象窗口工具包

➢ Java Foundation Classes（JFC）/Swing——Java 基础类

➢ Model-View-Controller（MVC）——模型-视图-控制器

5.2 | 技能训练

5.2.1 用户注册界面设计

训练任务

运用常用 Swing 组件设计用户注册界面，效果如图 5-1 所示。

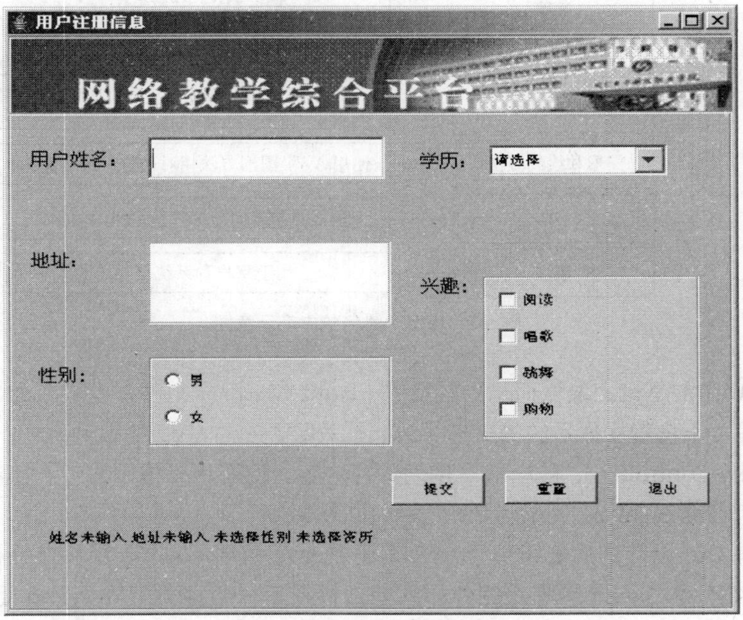

图 5-1 用户注册界面效果图

技能要点

① 掌握 Swing 组件与 AWT 组件的区别。

② 运用常用 Swing 组件编写 Java 应用程序的 GUI。

任务分析

1．确定用户注册界面所用到的组件

Java 的 GUI（Graphical User Interface）即图形用户界面。Java 的 GUI 由组件和容器组成。

① 组件（Component）：是一个可以以图形化的方式显示在屏幕上并能与用户进行交互的对象，例如一个按钮、一个标签、滚动条、文本输入框、单选按钮、复选框、菜单、下拉菜单等。组件不能独立地显示，必须将其放在一定的容器中才可以显示出来。

② 容器（Container）：可以是窗口、框架、对话框或 Applet 窗口，如程序启动页面、程序的顶层窗口、弹出对话框和任何能够用滚动条滚动的区域等。

使用 Java 开发 GUI 应用程序有两种方法，一种是使用抽象图形工具包 AWT（Abstract Window Toolkit）组件，另一种是使用 JFC（Java Foundation Classes）/Swing 组件。

AWT 是 Java 提供的类库，包含用于创建 GUI 和绘制图形图像的所有类，是重量级构件。所有内容都包含在 java.awt 包中，具体如图 5-2 所示。

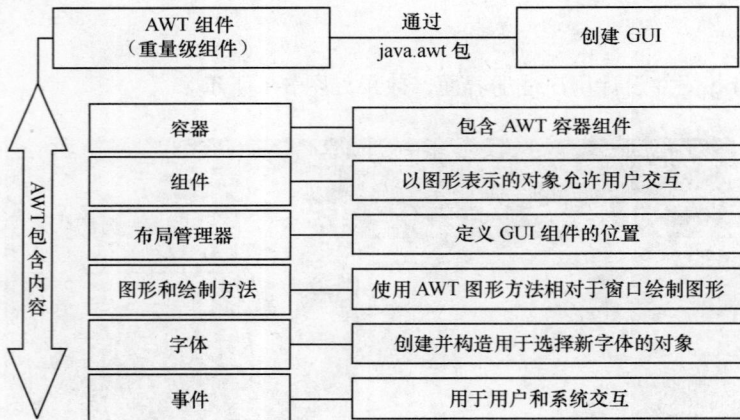

图 5-2　java.awt 包的内容示意图

Swing 是在 AWT 的基础上发展而来的轻量级（Light-Weight）组件，也是用 Java 实现的轻量级组件，没有本地代码，不依赖操作系统的支持。Swing 采用了一种 MVC 的设计范式，即"模型-视图-控制器"（Model-View-Controller），其中模型用来保存内容，视图用来显示内容，控制器用来控制用户输入。所有内容都包含在 javax.swing 包中，具体如图 5-3 所示。

Swing 组件是 GUI 设计的主要组件，AWT 不是纯 Java 组件。Swing 组件允许在应用程序中混合使用 AWT 重量级组件和 Swing 轻量级组件。大多数情况下，各种类型的 Swing 组件都是从 AWT 继承的子类，具体如图 5-4 所示。

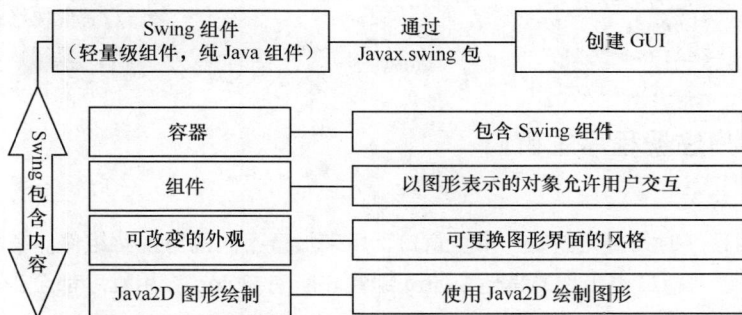

图 5-3 javax.swing 包的内容示意图

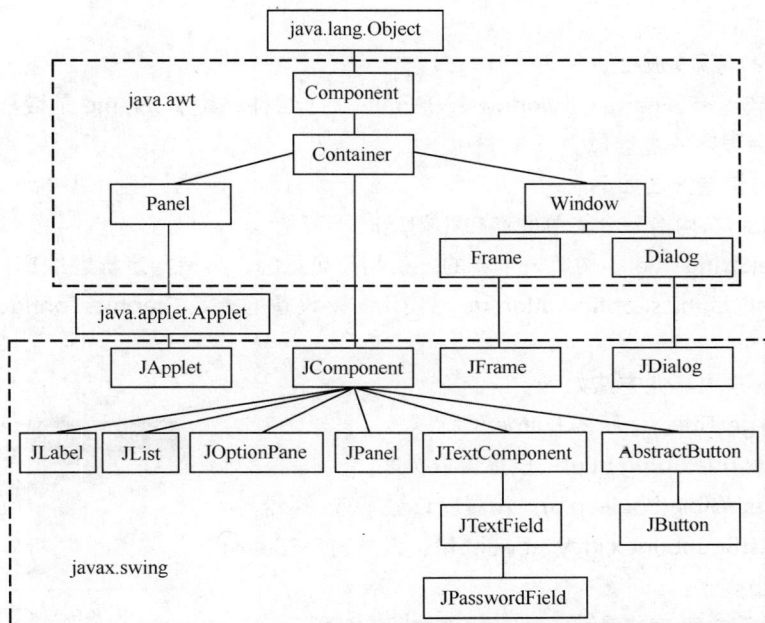

图 5-4 Swing 与 AWT 组件的继承关系示意图

2．使用 Swing 组件设计 GUI 的方法

方法一：在设计视图中使用

在 JBuilder IDE 环境下，打开某工程文件下的源代码文件，单击 **Design** 选项卡，进入设计视图，将内容面板的 **Layout** 属性设置为 null，单击组件面板中所需的组件，拖放到内容面板，即可将组件添加到窗体中。选中所添加的组件，单击 **Properties** 选项卡，设置组件的基本属性，单击 **Events** 选项卡，进行组件事件处理方法的编写。

方法二：直接编码生成组件

在源代码文件中，直接利用组件类声明组件，利用组件类的构造方法实例化组件，调用绘图方法在窗口上绘制组件以及具体设置组件的其他属性。一个按钮组件的创建过程如下。

```
JButton btnsubmit = new JButton();                    //声明并构造一个 JButton 按钮
btnsubmit.setBounds(new Rectangle(228, 338, 73, 29)); //绘制按钮
```

```
btnsubmit.setFont(new java.awt.Font("Dialog",
Font.PLAIN, 12));                                    //设置按钮的字号、字体
btnsubmit.setText("提交");                            //设置按钮文本
contentPane.add(btnsubmit);                          //将按钮添加到内容面板
```

3．设计用户注册程序主窗口

（1）创建顶层容器

设计 GUI 应用程序时，首先需要一个主窗口，用来放置不同的可视化组件。在 Swing 中，主窗口称为顶层容器，它包含窗口中出现的其他 Swing 组件。所有 Swing 应用程序都至少有一个顶层容器。

创建顶层容器的一般步骤如下。

➢ 创建容器

➢ 设置容器大小

➢ 设置容器的可见性

可用的顶层容器有 JFrame，JWindow 和 JApplet 3 个组件，其中 JFrame 是最常用的一种顶层容器，用于创建应用程序的主窗口。

① JFrame 的构造方法如下。

public JFrame()：构造一个简单的窗口（初始时不可见）。

public Frame(String title)：构造一个新的、初始不可见的、具有指定标题的窗口。

public Frame(GraphicsConfiguration gc)：使用屏幕设备的指定 GraphicsConfiguration 创建一个窗口。

② JFrame 的常用其他方法如下。

public String getTitle()：获得 Frame 的标题。

public void setTitle(String title)：设置窗口标题。

public void setVisible(Boolean b)：设置窗口显示或隐藏。

public void setBound(int x,int y,int w,int h)：设置窗口左上角位置和窗口的大小。

【例题】一个简单窗口的设计，运行效果如图 5-5 所示。

图 5-5　创建主窗体效果图

```
import javax.swing. *;
public class FrameSample {
    public static void main(String[] args) {
        JFrame jf=new  JFrame() ;//实例化一个窗口
        jf.setTitle("创建 GUI 的主窗口") ;//设置窗口标题
        jf.setBounds(0,0,200,100) ;//设置窗口大小和位置
        //设置关闭按钮的功能
jf.setDefaultCloseOperation(JFrame.EXIT_ON_CLOSE ) ;
        jf.setVisible(true) ;//设置窗口可见
    }
}
```

（2）添加中间容器

在每个顶层容器中都有一个中间容器，称为内容面板。一般来说，内容面板包含 GUI 窗口中的所有可视化组件。默认的内容面板一般是 JPanel 组件。

可用的中间容器有 JPanel，JScrollPane 和 JTabbedPane 等多个组件，其中 JPanel 是最常用的一种中间容器，可容纳所有的可视化组件。

JPanel 的构造方法如下。

public JPanel()：创建一个 FlowLayout 布局的面板。

public JPanel(LayoutManager layout)：创建一个指定布局的面板。

（3）添加组件

添加组件有两种方法。

方法一：frame. getContentPane( ).add(组件);

顶层容器 JFrame 本身有一个内容面板 ContentPane，窗口中其他的图形界面组件都应该添加到这个 ContentPane 中。通常不需要重新设置 JFrame 的 ContentPane，只要使用 JFrame 类的方法 getContentPane()得到默认的 ContentPane，向其中添加组件即可。

方法二：JPanel contentPane=new JPanel( );

contentPane.add(组件);

frame.setContentPane(contentPane);

frame.get Content Pane.add (组件);

建立一个类似 JPanel 的中间容器，把组件添加到容器中，使用 JFrame 类的方法 setContentPane() 将该中间容器设置为 JFrame 的内容面板，向内容面板添加常用 GUI 组件。

4．常用 Swing 组件

（1）标签（JLabel）

该组件提供可带图形的标签，用来显示文字、图标或同时显示文字和图标。常用方法如表 5-1 所示。

表 5-1　　　　　　　　　　　　　　JLabel 组件的常用方法

编号	常 用 方 法	功 能 描 述
1	JLabel( )	创建无图像并且其标题为空字符串的标签实例
2	JLabel(Icon image, int horizontalAlignment)	创建具有指定图象和水平对齐方式的标签实例
3	JLabel(Icon image)	创建具有指定图象的标签实例
4	JLabel(String text)	创建具有指定文本的标签实例
5	JLabel(String text, Icon icon, int horizontalAlignment)	创建具有指定文本、图像和水平对齐方式的标签实例
6	JLabel(String text, int horizontalAlignment)	创建具有指定文本和水平对齐方式的标签实例
7	getText()	返回该标签所显示的文本字符串
8	setText(String text)	定义此组件将要显示的单行文本
9	setIcon(Icon icon)	定义此组件将要显示的图标
10	setFont(Font f)	设置字体
11	setForeground（Color c）	设置前景色

（2）按钮（JButton）

JButton 类是专门用来建立按钮的，即使用 JButton 类创建的一个对象就是一个按钮。常用方法如表 5-2 所示。

表 5-2   JButton 组件的常用方法

编　号	常 用 方 法	功 能 描 述
1	JButton( )	创建不带有设置文本或图标的按钮
2	JButton(Action a)	创建一个按钮, 其属性从所提供的 Action 中获取
3	JButton(Icon icon)	创建一个带图标的按钮
4	JButton(String text)	创建一个带文本的按钮
5	JButton(String text, Icon icon)	创建一个带初始文本和图标的按钮
6	setLabel(String s)	设置按钮上的显示文字
7	getLabel( )	获得按钮上的显示文字

（3）文本框（JTextField）

JTextField 类是专门用来建立文本框的，即 JTextField 创建的一个对象就是一个文本框。用户可以在文本框中输入单行的文本。常用方法如表 5-3 所示。

表 5-3   JTextField 组件的常用方法

编　号	常 用 方 法	功 能 描 述
1	JTextField( )	构造一个新的空文本框
2	JTextField(Document doc, String text, int columns)	构造一个新的文本框, 它使用给定文本存储模型和给定的列数
3	JTextField(int columns)	构造一个具有指定列数的新的空文本框
4	JTextField(String text)	构造一个用指定文本初始化的新文本框
5	JTextField(String text, int columns)	构造一个用指定文本和列初始化的新文本框
6	setText(String s)	设置文本框中的文本为参数 s 指定的文本, 文本框中原内容被清除
7	getText( )	获得文本框中的文本
8	setEditable(boolean b)	设定文本框的可编辑性, 默认是可编辑的

（4）文本域（JTextArea）

JTextArea 类是专门用来建立文本域的，即 JTextArea 创建的一个对象就是一个文本域。用户可以在文本域中输入多行的文本。常用方法如表 5-4 所示。

表 5-4   JTextArea 组件的常用方法

编　号	常 用 方 法	功 能 描 述
1	JTextArea( )	构造一个新的文本域
2	JTextArea(Document doc)	构造一个新的文本域, 使其具有给定的文档模型, 所有其他参数均默认为 (null, 0, 0)
3	JTextArea(Document doc, String text,int rows, int columns)	构造具有指定行数和列数以及给定模型的新的文本域
4	JTextArea(int rows, int columns)	构造具有指定行数和列数的新的空文本域

续表

编　号	常 用 方 法	功 能 描 述
5	JTextArea(String text)	构造显示指定文本的新的文本域
6	JTextArea(String text, int rows, int columns)	构造具有指定文本、行数和列数的新的文本域
7	setText(String s)	设置文本域中的文本为参数 s 指定的文本，文本域中原内容被清除
8	getText( )	获得文本域中的文本

（5）密码文本框（JPasswordField）

JPasswordField 类是专门用来建立密码文本框的，即 JPasswordField 创建的一个对象就是一个密码文本框。用户可以在文本框中输入密码文本。常用方法如表 5-5 所示。

表 5-5　　　　　　　　　　　　JPasswordField 组件的常用方法

编号	常 用 方 法	功 能 描 述
1	JPasswordField( )	构造一个新密码框，使其具有默认文档，为 null 的开始文本字符串和为 0 的列宽度
2	JPasswordField(Document doc, String txt, int columns)	构造一个使用给定文本存储模型和给定列数的新密码框
3	JPasswordField(int columns)	构造一个具有指定列数的新的空密码框
4	JPasswordField(String text)	构造一个利月指定文本初始化的新密码框
5	JPasswordField(String text, int columns)	构造一个利月指定文本和列初始化的新密码框
6	getPassword( )	获得组件中的密码文本
7	getEchoChar( )	获得隐藏密码所设置的字符
8	setEchoChar（char c）	设置隐藏密码而显示的字符为 c，默认为 "*"

（6）组合框（JComboBox）

JComboBox 类是专门用来建立组合框的，即 JComboBox 创建的一个对象就是一个组合框。用户可以在组合框中任意选择一项内容，不局限于 String。常用方法如表 5-6 所示。

表 5-6　　　　　　　　　　　　JComboBox 组件的常用方法

编　号	常 用 方 法	功 能 描 述
1	JComboBox( )	创建具有默认数据模型的组合框
2	JComboBox(ComboBoxModel aModel)	创建一个组合框，其项取自现有的 ComboBoxModel 中
3	JComboBox(Object[] items)	创建包含指定数组中的元素的组合框
4	JComboBox(Vector<?> items)	创建包含指定 Vector 中的元素的组合框
5	getSelectedItem( )	返回当前的选择项
6	getSelectedIndex( )	返回当前选择项的索引（从 0 开始）
7	getItemCount( )	返回组合框中的项数

（7）列表（JList）

JList 类是专门用来建立列表的，即 JList 创建的一个对象就是一个列表。列表中的每项内容可以任意，不局限于 String。它支持单选和多选。其常用方法如表 5-7 所示。

表 5-7　　　　　　　　　　　JList 组件的常用方法

编　号	常　用　方　法	功　能　描　述
1	JList( )	构造一个使用空模型的列表
2	JList(ListModel dataModel)	构造一个列表，使其使用指定的非 null 模型显示元素
3	JList(Object[ ] listData)	构造一个列表，使其显示指定数组中的元素
4	JList(Vector<?> listData)	构造一个列表，使其显示指定 Vector 中的元素
5	setVisibleRowCount（int n）	设置列表可见行数
6	setFixedCellHeight（int h）	设置列表框的固定高度（像素）
7	setFixedCellWidth(int w)	设置列表框的固定宽度（像素）
8	isSelectedIndex(int index)	判断索引为 index 的项是否被选中

（8）单选按钮（JRadioButton）

JRadioButton 类是专门用来建立单选按钮的，即 JRadioButton 创建的一个对象就是一个单选按钮。常用方法如表 5-8 所示。

表 5-8　　　　　　　　　　　JRadioButton 组件的常用方法

编号	常　用　方　法	功　能　描　述
1	JRadioButton( )	创建一个初始化为未选择的单选按钮，其文本未设定
2	JRadioButton(Action a)	创建一个单选按钮，其属性来自提供的 Action
3	JRadioButton(Icon icon)	创建一个初始化为未选择的单选按钮，其具有指定的图像但无文本
4	JRadioButton(Icon icon, boolean selected)	创建一个具有指定图像和选择状态的单选按钮，但无文本
5	JRadioButton(String text)	创建一个具有指定文本的状态为未选择的单选按钮
6	JRadioButton(String text, boolean selected)	创建一个具有指定文本和选择状态的单选按钮
7	JRadioButton(String text, Icon icon)	创建一个具有指定的文本和图像并且初始化为未选择的单选按钮
8	JRadioButton(String text, Icon icon, boolean selected)	创建一个具有指定的文本、图像和选择状态的单选按钮
9	getText( )	获得单选按钮的标题名
10	setText(String str)	设置单选按钮的标题名为 str

（9）复选按钮（JCheckBox）

JCheckBox 类是专门用来建立复选按钮的，即 JCheckBox 创建的一个对象就是一个复选按钮。

复选按钮有两种状态，一种是选中，另一种是未选中。常用方法如表 5-9 所示。

表 5-9   JCheckBox 组件的常用方法

编号	常 用 方 法	功 能 描 述
1	JCheckBox( )	创建一个没有文本、没有图标并且最初未被选定的复选框
2	JCheckBox(Action a)	创建一个复选框，其属性从所提供的 Action 获取
3	JCheckBox(Icon icon)	创建有一个图标、最初未被选定的复选框
4	JCheckBox(Icon icon, boolean selected)	创建一个带图标的复选框，并指定其最初是否处于选定状态
5	JCheckBox(String text)	创建一个带文本的、最初未被选定的复选框
6	JCheckBox(String text, boolean selected)	创建一个带文本的复选框，并指定其最初是否处于选定状态
7	JCheckBox(String text, Icon icon)	创建带有指定文本和图标的、最初未被选定的复选框
8	JCheckBox(String text, Icon icon, boolean selected)	创建一个带文本和图标的复选框，并指定其最初是否处于选定状态

通过以上分析，对于用户注册界面的设计，我们可采用方法一，在可视化环境下来设计，具体见下面的程序实现。

程序实现

① 启动 JBuilder2005，创建名为 prj6.2.1 的工程。

② 单击【File/New】菜单项，打开【Object Gallery】对话框，如图 5-6 所示。

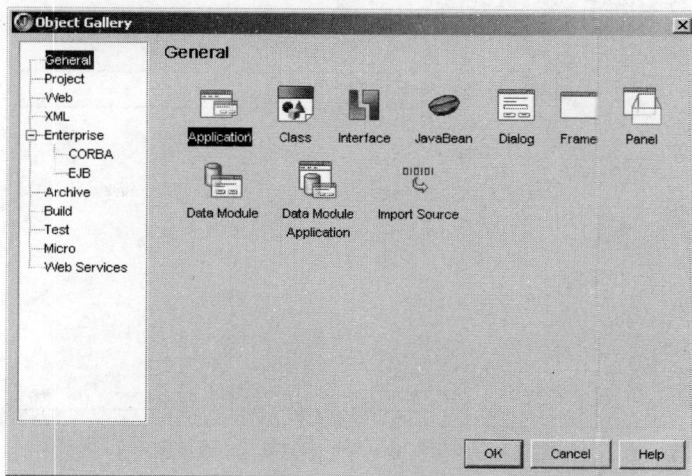

图 5-6   Object Gallery 对话框

③ 选择【Object Gallery】面板左侧的【General】文件夹，然后在右侧的【General】内容中选择【Application】文件。

④ 单击【OK】按钮打开创建应用程序的向导。

⑤ 在创建应用程序向导的第 1 步中，在【Class name】文本框中输入【UserLoginApplication Class】,【Package】文本框的值默认，如图 5-7 所示。

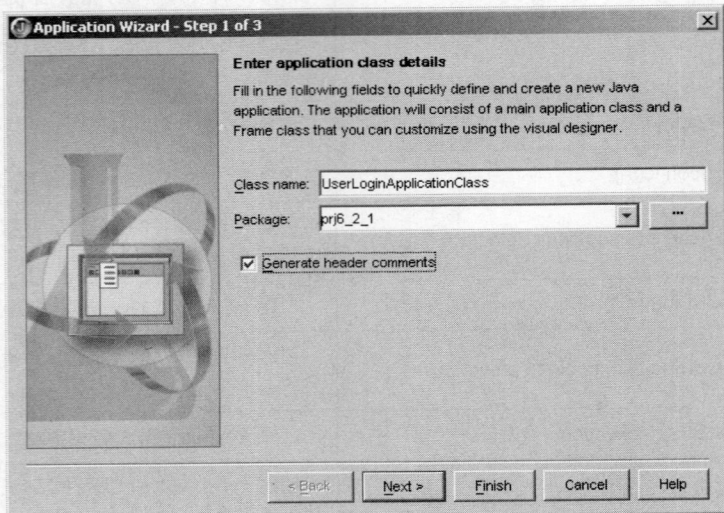

图 5-7　应用程序向导对话框第 1 步效果图

⑥ 单击【Next】按钮进入第 2 步。

⑦ 在【Class】文本框中输入【UserLoginFrameClass】作为框架类的名称，在【Title】文本框中输入【用户信息】作为窗口的标题，如图 5-8 所示。

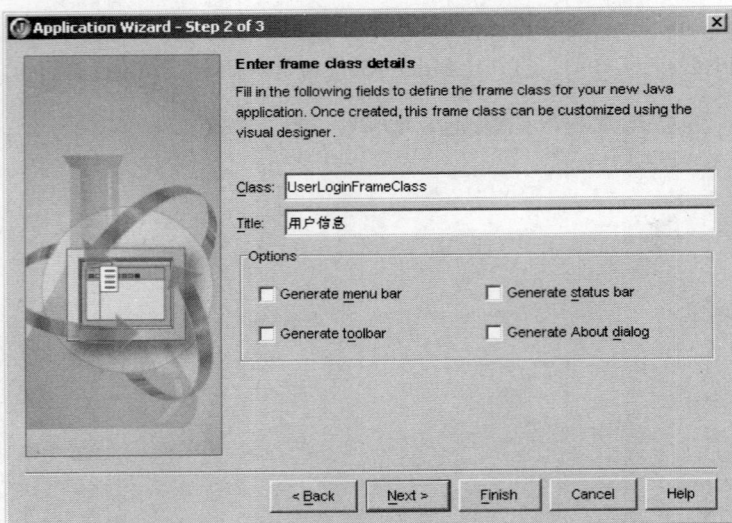

图 5-8　应用程序向导对话框第 2 步效果图

⑧ 单击【Finish】按钮，完成应用程序的创建。在 JBuilder IDE 中出现刚刚创建的应用程序，其中 prj6.2.1.jpx（工程）、文件、结构和源代码（UserLoginApplicationClass.java 和 UserLoginFrame Class.java）分别出现在工程面板、内容面板和结构面板中。

⑨ 双击打开【UserLoginFrameClass.java】文件，单击内容面板底部的【Design】选项卡，切换至视图设计，如图 5-9 所示。

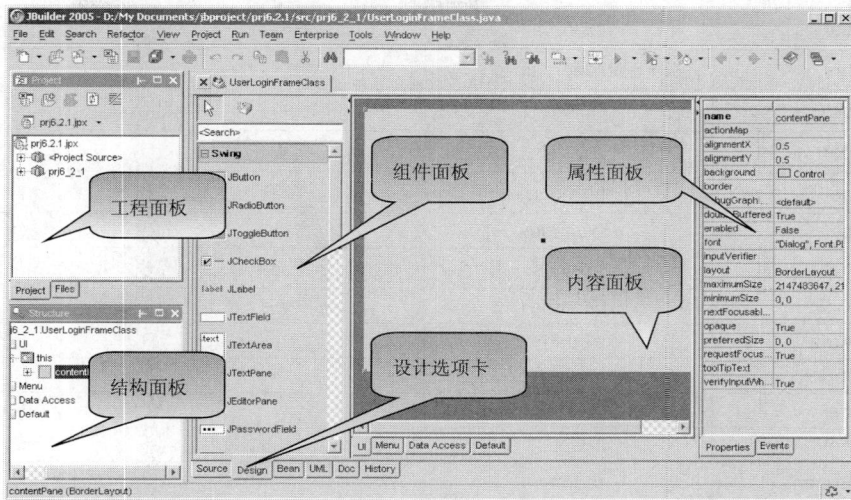

图 5-9　可视化设计界面

⑩ 单击设计视图的【UI】标签面板，该面板包含了内容面板。内容面板在结构面板中突出显示出来，如图 5-9 所示。

⑪ 单击属性面板中的【Layout】属性右边的列表，选择【null】，即将【Layout】属性值设置为【null】，在这种状态下用户可以自由摆放组件到设计视图中。其他布局管理器将会在后面讲到。

⑫ 使用组件面板将组件添加到设计视图中。单击【Jlabel】组件，再单击内容面板，将组件放入内容面板中，利用右侧的属性面板，单击【text】属性的右侧，输入标签内容，如【用户姓名】，如图 5-10 所示。

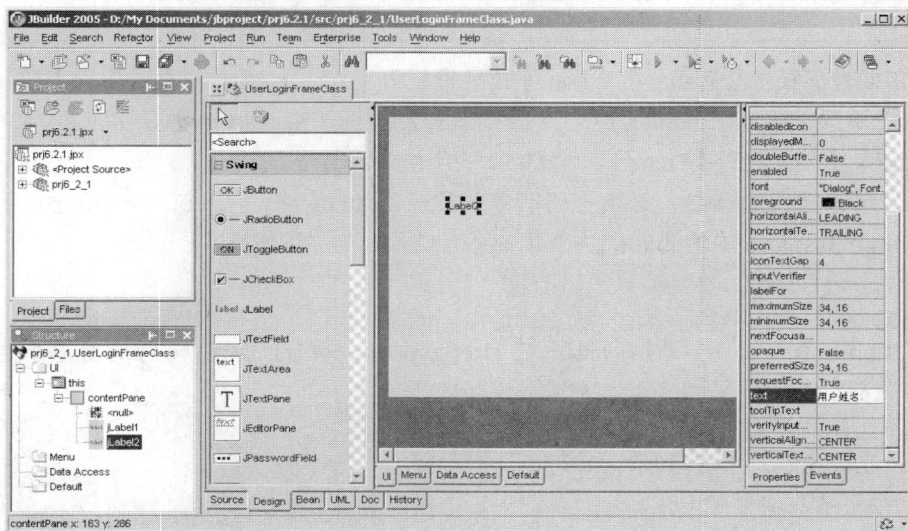

图 5-10　添加组件示意图

⑬ 通过组件面板添加组件，设计如图 5-1 所示的窗体，各个组件的属性设置如表 5-10 所示。

表 5-10   组件属性设置

组 件 类	组 件 名 称	text 属性值	border 属性值
JLabel	lblname	用户姓名：	
JLabel	lbladdress	地址：	
JLabel	lblsex	性别：	
JLabel	lblxueli	学历：	
JLabel	lblxingqu	兴趣：	
JLabel	lblimage		
JLabel	lblmess	显示提交信息！	
JTextField	txtname		
JTextArea	txaAddress		Etched
JComboBox	cboxueli		
JPanel	JPanel1		Etched
JPanel	JPanel2		Etched
JRadioButton	radman	男	
JRadioButton	radfemale	女	
JRadioButton	radSex		
ButtonGroup	ButtonGroup1		
JCheckBox	chkread	阅读	
JCheckBox	chksong	唱歌	
JCheckBox	chkdance	跳舞	
JCheckBox	chkshop	购物	
JButton	btnsubmit	提交	
JButton	btnreset	重置	
JButton	btnexit	退出	

⑭ 使用属性面板把所有组件的【Font】属性设置为【宋体】，大小设置为【14】；在 JPanel1 组件中添加两个单选按钮，在 JPanel2 组件中添加 4 个复选框，将 txaAddress，JPanel1 和 JPanel2 组件的【border】属性设置为【Etched】，具体见表 5-10。

⑮ 实现单选按钮的选中，必须把所有单选按钮都添加到按钮组 ButtonGroup1 组件中，在 UserLoginFrameClass.java 中的 jbInit()方法里的适当位置添加如下代码。

```
buttonGroup1.add(radman) ;
buttonGroup1.add(radfemale) ;
```

⑯ 向 JComboBox 组件中添加列表项，在 UserLoginFrameClass.java 中的 jbInit()方法里的适当位置添加如下代码。

```
cboxueli.addItem("请选择") ;
cboxueli.addItem("本科生") ;
cboxueli.addItem("研究生") ;
cboxueli.addItem("博士生") ;
```

⑰ 在 lblimage 标签中显示图像，在 JbInit()方法中添加如下代码。

```
lblimage=new  JLablelcnew  Image Icon("a jpg")); )
```

⑱ 单击 JBuilder IDE 环境中的 ▶ ▾ 运行按钮，生成并运行应用程序，运行结果如图 5-1 所示。

5.2.2 用户注册功能实现

训练任务

对 5.2.1 节所设计的界面，实现用户的注册功能，即单击【提交】按钮时，用户信息将在窗体左下角显示；单击【重置】按钮时，用户填写的信息全部清空；单击【退出】按钮时，应用程序停止运行并退出系统。运行结果如图 5-11 所示。

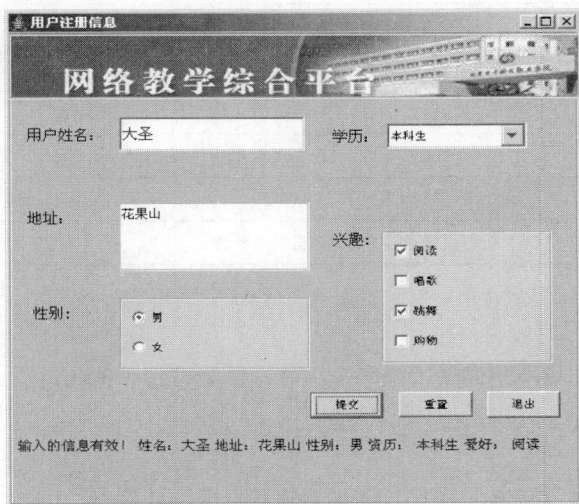

图 5-11 提交信息后的运行结果图

技能要点

① 理解 Java 事件处理机制。
② 掌握 Java 中的常用事件类和常用事件监听器。
③ 掌握 ActionEvent 动作事件的处理框架。
④ 能够编写常用组件的事件处理程序。

任务分析

在 5.2.1 节设计的注册用户界面，只是将组件显示在屏幕上，所有的组件对鼠标、键盘等用户交互动作都没有任何感知，更谈不上处理。当单击运行界面上的【提交】、【重置】、【退出】3 个按钮时，程序没有任何功能。在 Java 中如何实现与用户的交互功能呢？

要能够让图形界面接收用户的操作，就必须给各个组件加上事件处理机制。在事件处理机制中，主要涉及如下 3 类对象。

1．事件类

用户对界面操作在 Java 语言上的描述，以类的形式出现。Java 根据不同的用户操作，产生不同的事件（Event）类。ava.util.EventObject 类是所有事件对象的基础父类，所有事件都是由它派生出来的。不同的 EventObject 子类代表不同类型的事件并提供关于该事件的具体信息，这些事件包含在 java.awt.event 和 java.swing.event 包中。例如键盘操作对应的事件类是 KeyEvent。常用事件类如表 5-11 所示。

表 5-11 常用事件类

事 件 类	相关事件说明
ActionEvent	动作事件：按钮按下，TextField 中按 Enter 键，双击列表项或选择菜单
AdjustmentEvent	调节事件：在滚动条上移动滑块以调节数值
ComponentEvent	组件事件：组件尺寸的变化、移动
FocusEvent	焦点事件：焦点的获得和丢失
ItemEvent	项目事件：单击复选框和列表项时
WindowEvent	窗口事件：关闭窗口，窗口闭合，图标化
TextEvent	文本事件：更改文本框中的信息时
MouseEvent	鼠标事件：鼠标单击、移动、拖曳
KeyEvent	键盘事件：键按下、释放

2．事件源

事件源是事件发生的场所，通常就是各个组件，例如按钮（Button）。

3．事件监听器

实现专门的监听器接口对象，接收事件对象并对其进行处理。

常用监听器如表 5-12 所示。

表 5-12 事件和监听器说明

事 件 类	事件监听器（接口）	监听器描述
ActionEvent	ActionListener	定义了一个接收动作事件的方法
AdjustmentEvent	AdjustmentListener	定义了一个接收调整事件的方法
ComponentEvent	ComponentListener	定义了 4 个方法来识别何时隐藏、移动、改变大小、显示组件
FocusEvent	FocusListener	定义了两个方法来识别何时组件获得或失去焦点
ItemEvent	ItemListener	定义了一个方法来识别何时项目状态改变
WindowEvent	WindowListener	定义了 7 个方法来识别何时窗口激活、关闭、失效、最小化、还原、打开和退出
TextEvent	TextListener	定义了一个方法来识别何时文本值改变
MouseEvent	MouseListener MouseMotionListener	定义了两个方法来识别何时鼠标拖动和移动
KeyEvent	KeyListener	定义了 3 个方法来识别何时键按下、释放和输入字符事件

在 Java 的事件机制中，将所有用户对界面的操作定义为事件类，一个事件类对应一类事件。每个事件类都定义了一个或多个监听器接口，在监听器接口中声明了该类事件的各种处理方法。定义

一个监听器类来实现相应事件类的监听器接口，给相应组件注册上监听器（即监听器类的实例）。

程序实现

在程序中实现事件处理机制的方法如下。

1．在 IDE 设计环境中自动生成的事件处理程序

在 JBuilder 查看器的事件面板中，列出了所选组件支持的所有事件。双击某一事件时，系统会自动生成一个该事件监听器和一个空的事件处理方法，在光标闪烁位置手工编写功能代码即可。

实现自动生成任务中【退出】按钮的功能，执行以下步骤。

① 单击【退出】按钮。

② 单击查看器的【Event】选项卡，显示该按钮事件，如图 5-12 所示。

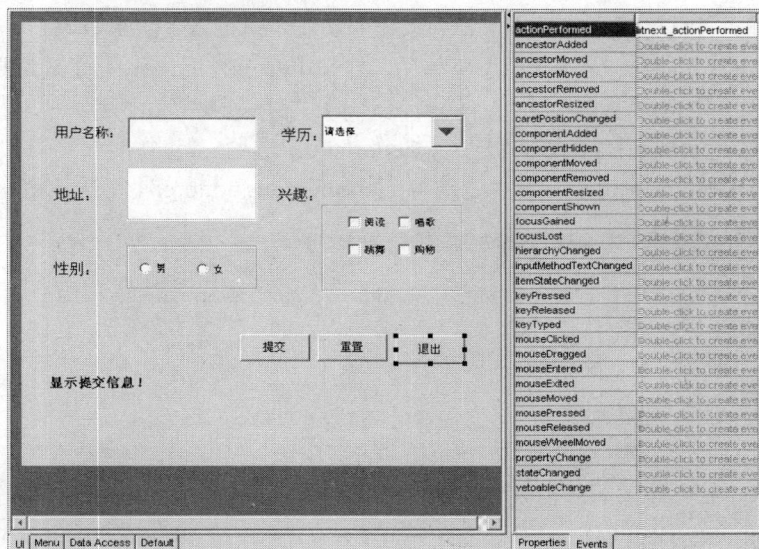

图 5-12　选中【退出】按钮的【Event】选项卡

③ 双击动作事件 actionPerformed( )右侧的列，如图 5-12 所示。

系统自动生成了 3 个代码段，具体如下。

【退出】按钮的事件处理方法。

```
public void btnexit_actionPerformed(ActionEvent actionEvent) {
}
```

事件监听器：

```
   class UserLoginFrameClass_btnexit_actionAdapter implements
ActionListener {
   private UserLoginFrameClass adaptee;
   UserLoginFrameClass_btnexit_actionAdapter(UserLoginFrameClass adaptee) {
      this.adaptee = adaptee;
   }
   public void actionPerformed(ActionEvent actionEvent) {
     adaptee.btnexit_actionPerformed(actionEvent);
```

```
    }
}
```

为【退出】按钮注册事件监听器。

```
btnexit.addActionListener(new
UserLoginFrameClass_btnexit_actionAdapter(this));
```

④ 在光标位置输入如下代码，实现系统的退出功能。

```
public void btnexit_actionPerformed(ActionEvent actionEvent) {
    System.exit(0) ;
}
```

2. 利用匿名内部类实现事件处理程序

匿名内部类是指事件监听器类由 JBuilder 自动生成，没有与之关联的类名，生成的代码是嵌入的，并且很简洁。但此监听器只能用于一个事件，因为监听器没有名称，其他地方无法调用。

利用匿名内部类方法实现任务中【重置】按钮的功能，执行以下步骤。

① 选择【Project/Project Properties】菜单项，打开【Project Properties】对话框。

② 选择此对话框左侧面板中的【Java Formatting】文件夹。

③ 在【Java Formatting】文件夹内选择【Generated】选项。

④ 在【Event handling】选项区域中，选中【Anonymous adapter】单选按钮，如图 5-13 所示。

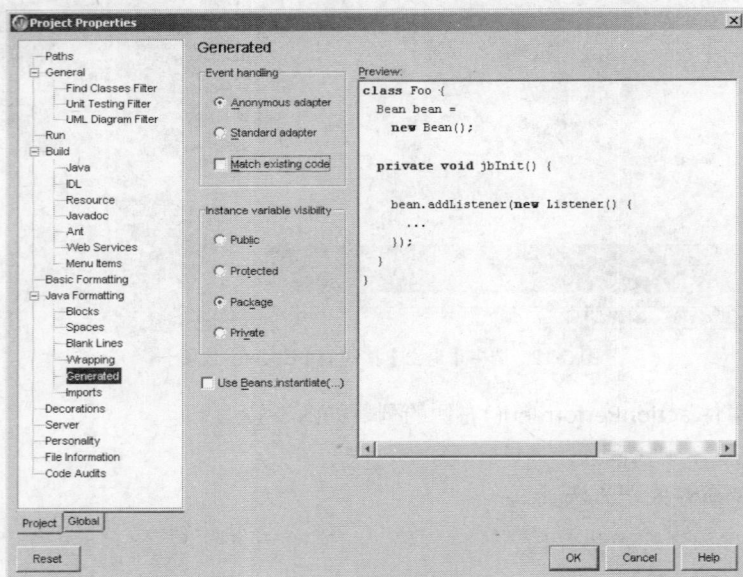

图 5-13　选择事件监听器的样式

⑤ 选中【重置】按钮，双击查看器的【Event】选项卡中的 actionPerformed( )右侧的列，系统生成如下两段代码。

```
btnreset.addActionListener(new ActionListener() {
    public void actionPerformed(ActionEvent actionEvent) {
        btnreset_actionPerformed(actionEvent);
    }
});
```

匿名监听器类，为组件注册监听器的同时实现了监听器接口方法。

【重置】按钮的事件处理方法。

```
public void btnreset_actionPerformed(ActionEvent actionEvent) {
}
```

在此方法中手工编写【重置】功能的所有代码。为了实现性别的清除效果，添加一个【radSex】单选按钮组件，可见性设为【false】，添加到按钮组【ButtonGroup1】中，通过选中该不可见单选按钮来实现性别的清除。具体代码如下，运行结果如图 5-14 所示。

```
public void btnReset_actionPerformed(ActionEvent e) {
    txtname.setText("");
    txaAddress.setText("");
    cboxueli.setSelectedIndex(0);
    chkread.setSelected(false);
    chksong.setSelected(false);
    chkdance.setSelected(false);
    chkshop.setSelected(false);
    radSex.setSelected(true);
}
```

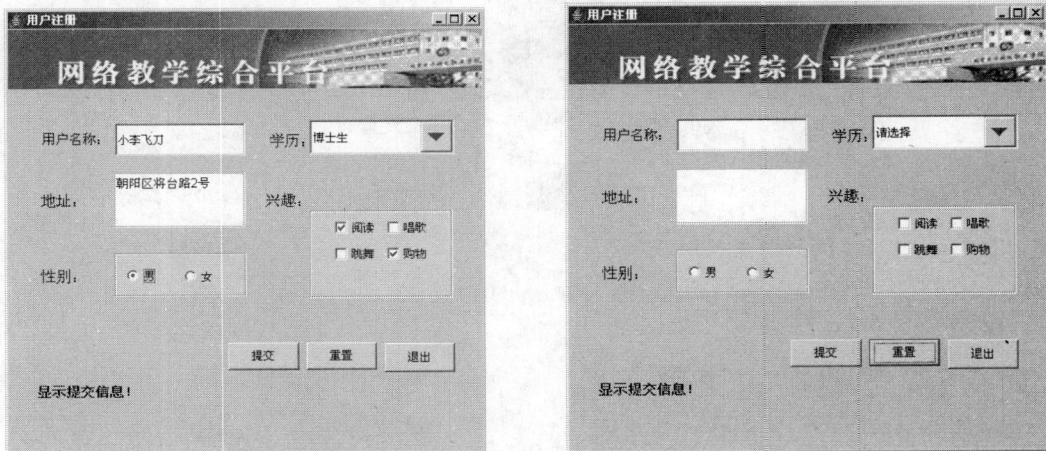

图 5-14　【重置】功能的运行结果图

3．手工编码实现事件处理

程序员手工编写代码，实现 Java 的事件处理机制，具体步骤如下。

① 定义和实例化组件。

组件类　　组件名称=new 组件构造方法（[参数]）；

② 注册组件事件监听器。

组件名称.add***Listener(new 监听器类构造方法( ))；

③ 定义监听器类，实现相应事件监听器接口，具体实现接口中的所有处理方法。

```
class 监听器类 implements ***Listener {
.../// 实现该接口的所有方法
}
```

编写【提交】按钮的功能，修改 UserLoginFrameClass.java 的代码，具体如下。

在 jbInit()方法中添加下面的语句，注册【提交】按钮的监听器。

```
btnsubmit.addActionListener(new My()) ;
```

定义 My 监听器类，实现 ActionListener 接口，重写接口中的 public void actionPerformed (ActionEvent e)方法，实现注册信息的提交显示功能。

```
class My implements  ActionListener {
    public void actionPerformed(ActionEvent actionEvent) {
        String str="";
        str=str+txtname.getText()+"\n";  //提取名称
        str=str+txaAddress.getText()+"\n";//提取地址
        if(radman.isSelected() ==true)
          str=str+radman.getText()+"\n";//提取性别
        if(radfemale.isSelected() ==true)
          str=str+radfemale.getText()+"\n";//提取性别
        //提取学历
        str=str+cboxueli.getSelectedItem().toString() +"\n";
        if(chkread.isSelected() ==true)
          str=str+chkread.getText()+"\n";//提取兴趣爱好
        if(chksong.isSelected() ==true)
          str=str+chksong.getText()+"\n";//提取兴趣爱好
        if(chkdance.isSelected() ==true)
          str=str+chkdance.getText()+"\n";//提取兴趣爱好
         if(chkshop.isSelected() ==true)
          str=str+chkshop.getText()+"\n";//提取兴趣爱好
        lblmess.setText(str) ;
    }
}
```

运行效果如图 5-11 所示。

5.2.3 布局管理器的使用

训练任务

设计一个布局管理器的演示程序，当用户单击各个选项卡时，可以浏览系统定义的 4 种布局效果，让用户能够快速掌握 4 种布局的特点。程序运行结果如图 5-15 所示。

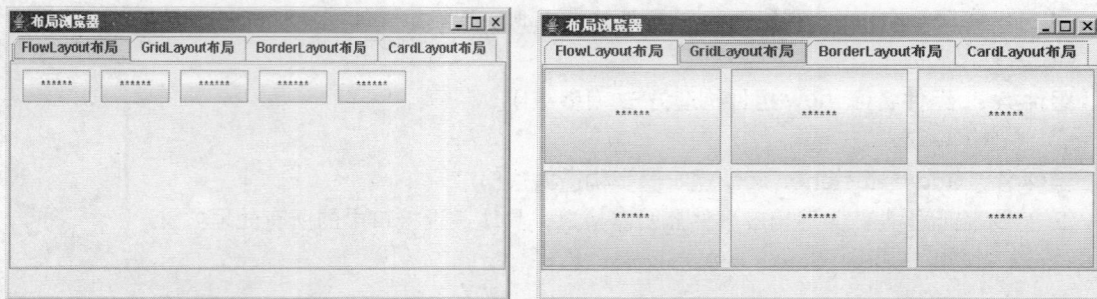

图 5-15 布局管理器演示程序运行结果图

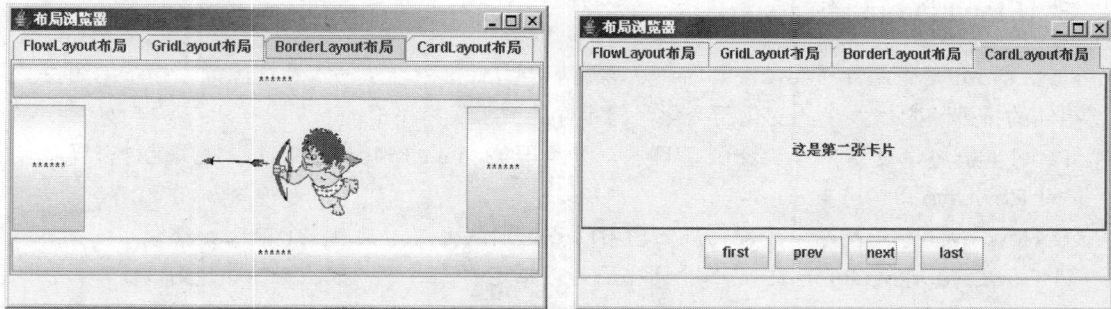

图 5-15 布局管理器演示程序的运行结果图（续）

技能要点

① 掌握 5 种布局管理器的特点和使用方法。
② 掌握 JTablePane 选项卡组件的使用。

任务分析

1．JTablePane 选项卡组件的使用

JTablePane 组件允许用户通过单击具有给定标题或图标的选项卡，在一组组件之间进行切换。本任务中使用 JTablePane 组件建立一个选项卡窗口，包含 4 个选项卡。

创建选项卡的方法如下。

```
public Component add(String title, Component component)
```
添加具有指定选项卡标题的 **component**。

例如：jTabbedPane1.add("CardLayout 布局",jPanel4)，可以创建一个标题为"CardLayout 布局"、显示内容为 jPanel4 容器的选项卡。

2．布局管理

一个相同的按钮组件在 Windows 平台的高度为 25 像素，但在 Motif 平台上却是 28 像素。这样在 Windows 平台上运行良好的用户界面在 Motif 下可能会相互挤成一团。布局管理器只允许声明组件间的相对位置、前后关系，无需指定组件的大小，这样布局管理器就可以自动调整组件显示，从而达到界面的平台无关性。

布局管理器类是一组类，它实现 java.awt.LayoutManager 接口，由 java.awt 包提供，帮助在容器中布局组件。

Java 中共有 5 个标准的布局管理器。

① BorderLayout（边界布局）管理器。
② FlowLayout（流式布局）管理器。
③ GridLayout（网格布局）管理器。
④ CardLayout（卡片布局）管理器。
⑤ GridBagLayout（网格包布局）管理器。

91

3. FlowLayout 管理器

FlowLayout 是将组件按照从左到右、从上到下的方式排列，按加入到容器的顺序布局组件。同时，组件的排列随容器大小的变化而变化，但组件的大小保持不变。

JPanel 容器默认使用 FlowLayout 管理器，继承于 JPanel 的 JApplet 默认也使用这种布局。

（1）FlowLayout 构造方法

① FlowLayout( )：构造一个新布局，居中对齐，默认组件间隙为 5 个单位。

② FlowLayout(int align)：构造一个新布局，以指定方式对齐，默认组件间隙为 5 个单位。

③ FlowLayout(int align, int hgap, int vgap)：创建一个新的 FlowLayout 管理器，具有指定的对齐方式以及指定的水平和垂直间隙。

（2）FlowLayout 的使用方法

① 使用构造方法构造一个新布局。

如："FlowLayout flow=new FlowLayout( )；"。

② 使用 setLayout 方法设置容器的布局。

如："frame1.setLayout(flow)；

frame1.getContentPane( ).add(button1)；"。

4. GridLayout 管理器

GridLayout 类是一个布局处理器，它以矩形网格形式对容器的组件进行布置。容器被分成大小相等的矩形，一个矩形中放置一个组件。

（1）GridLayout 构造方法

① GridLayout( )：创建具有默认值的网格布局，即每个组件占据一行一列。

② GridLayout(int rows, int cols)：创建具有指定行数和列数的网格布局。

③ GridLayout(int rows, int cols, int hgap, int vgap)：创建具有指定行数和列数的网格布局。

（2）GridLayout 的使用方法

① 使用构造方法构造一个新布局。

如："GridLayout   grid=new GridLayout (3,5)；"。

② 使用 setLayout 方法设置容器的布局。

如："Panel p=new Panel( )；

p.setLayout(grid)；"。

5. BorderLayout 管理器

BorderLayout 是一个容器的边界布局，它可以对容器组件进行安排，并调整其大小，使其符合下列 5 个区域：南、北、东、西和中间区域。每个区域最多只能包含一个组件，并通过相应的常量进行标识：NORTH，SOUTH，EAST，WEST 和 CENTER。当使用 BorderLayout 将一个组件添加到容器中时，要使用这 5 个常量之一。

如果是一个 AWT 的 frame，默认使用的是 BorderLayout 管理器，所有的 window，包括所有的 frame 和 dialog 默认的都是 BorderLayout 管理器。

（1）BorderLayout 构造方法

① BorderLayout()：构造一个组件之间没有间距的新边界布局。

② BorderLayout(int hgap, int vgap)：用指定的组件之间的水平和垂直间距构造一个边界布局。

（2）BorderLayout 的使用方法

① 使用构造方法构造一个新布局。

如："BorderLayout border=new BorderLayout ()；"。

② 使用 setLayout 方法设置容器的布局。

如："Panel p = new Panel()；

　　p.setLayout(border)；

　　p.add(new Button（"Okay"）, BorderLayout.SOUTH)；"。

6. CardLayout 管理器

CardLayout 将容器中的每个组件看作一张卡片。一次只能看到一张卡片，而容器充当卡片的堆栈。当容器第一次显示时，第一个添加到 CardLayout 对象的组件为可见组件。卡片的顺序由组件对象本身在容器内部的顺序决定。CardLayout 定义了一组方法，这些方法允许应用程序按顺序浏览这些卡片。

（1）CardLayout 构造方法

① CardLayout()：创建一个间隙大小为零的新卡片布局。

② CardLayout(int hgap, int vgap)：创建一个具有指定的水平和垂直间隙的新卡片布局。

（2）CardLayout 的使用方法

① 使用构造方法构造一个新布局。

如："CardLayout　card=new CardLayout ()；"。

② 使用 setLayout 方法设置容器的布局。

如："Panel p = new Panel()；

　　p.setLayout(card)；"。

程序实现

```
package prj5_2_3;
import java.awt. *;
import java.awt.event. *;
import javax.swing. *;
import javax.swing.event. *;
public class LayoutDemo extends JFrame  implements ActionListener {
    CardLayout card=new CardLayout() ;
    JPanel up=new JPanel() ;
    JTabbedPane jTabbedPane1 = new JTabbedPane();
    JButton firstBtn=new JButton("first") ;
    JButton prevBtn=new JButton("prev") ;
    JButton nextBtn=new JButton("next") ;
    JButton lastBtn=new JButton("last") ;
```

```
        JPanel jPanel1 = new JPanel();
        JPanel jPanel2 = new JPanel();
        JPanel jPanel3 = new JPanel();
        JPanel jPanel4 = new JPanel();
        JPanel jPanel5 = new JPanel();
        public LayoutDemo() {
            JButton b[]=new JButton[35];
            for(int i=0;i<b.length ;i++){
                b[i]=new JButton("******") ;   }
            JLabel jlb=new JLabel(new ImageIcon("a.gif") ) ;
            setBounds(100,100,500,250);
            getContentPane().add(jTabbedPane1, java.awt.BorderLayout.NORTH);
            setTitle("布局浏览器");
            setVisible(true);
            //使用 FlowLayout 布局
            FlowLayout flow=new FlowLayout(FlowLayout.LEFT ,10,4) ;
            jPanel1.setLayout(flow) ;
            jPanel1.add(b[1]) ;
            jPanel1.add(b[2]) ;
            jPanel1.add(b[3]) ;
            jPanel1.add(b[4]) ;
            jPanel1.add(b[5]) ;
            jTabbedPane1.add("FlowLayout 布局",jPanel1) ;
            GridLayout grid=new  GridLayout (2,3,8,5) ; //使用 GridLayout 布局
            jPanel2.setLayout(grid) ;
            jPanel2.add(b[5]) ;
            jPanel2.add(b[7]) ;
            jPanel2.add(b[8]) ;
            jPanel2.add(b[9]) ;
            jPanel2.add(b[10]) ;
            jPanel2.add(b[11]) ;
            jTabbedPane1.add("GridLayout 布局",jPanel2) ;
            BorderLayout bly=new BorderLayout(7,5) ; //使用 BorderLayout 布局
            jPanel3.setLayout(bly) ;
            jPanel3.add(b[12],"South") ;
            jPanel3.add(b[13],"North") ;
            jPanel3.add(jlb,"Center") ;
            jPanel3.add(b[14],"East") ;
            jPanel3.add(b[15],"West") ;
            jTabbedPane1.add("BorderLayout 布局",jPanel3) ;
            BorderLayout bor=new BorderLayout() ; //使用 CardLayout 布局
            JPanel down=new JPanel() ;
            jPanel4.setLayout(bor) ;
            JLabel one=new JLabel("这是第一张卡片",JLabel.CENTER ) ;
            JLabel two=new JLabel("这是第二张卡片",JLabel.CENTER ) ;
            JLabel three=new JLabel("这是第三张卡片",JLabel.CENTER ) ;
            JLabel four=new JLabel("这是第四张卡片",JLabel.CENTER ) ;
            up.setLayout(card) ;
            up.setBorder(BorderFactory.createMatteBorder(1,1,2,2,Color.red ) ) ;
```

```
        up.add("one",one) ;
        up.add("two",two) ;
        up.add("three",three) ;
        up.add("four",four) ;
        jPanel4.add(up,"Center") ;
        down.add(firstBtn) ;
        down.add(prevBtn) ;
        down.add(nextBtn) ;
        down.add(lastBtn) ;
        jPanel4.add(down,"South") ;
        jTabbedPane1.add("CardLayout 布局",jPanel4) ;
        fritsBtn.addActionListener(this) ;
        prevBtn.addActionListener(this) ;
        nextBtn.addActionListener(this) ;
        lastBtn.addActionListener(this) ; }
    public static void main(String[] args) {
        new LayoutDemo(); }
    public void actionPerformed(ActionEvent e) {
        if(e.getSource() ==firstBtn)
            card.first(up) ;
        else if(e.getSource() ==prevBtn)
            card.previous(up) ;
        if(e.getSource() ==nextBtn)
            card.next(up) ;
        if(e.getSource() ==lastBtn)
            card.last(up) ;}}
```

程序运行结果如图 5-15 所示。

5.2.4 设计菜单

训练任务

设计一个包含有下拉式菜单和弹出式菜单的窗体，下拉式菜单包括【文件】、【编辑】、【风格】和【退出】4 项，并且实现【颜色】菜单项中的各项功能。弹出式菜单包含【颜色】级联菜单的所有菜单项，效果如图 5-16 所示。

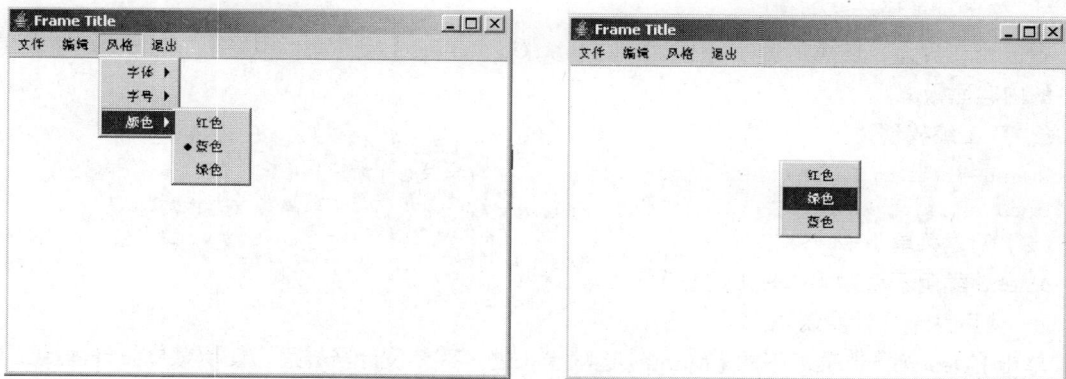

图 5-16   下拉式菜单和弹出式菜单效果

技能要点

① 能够熟练设计下拉式菜单。
② 能够熟练设计弹出式菜单。
③ 掌握菜单项的事件处理方法。

任务分析

菜单分为下拉式菜单和弹出式菜单。下拉式菜单有显示的菜单条出现在窗口顶部，弹出式菜单需要用户通过单击鼠标右键弹出菜单。菜单类的层次结构如图 5-17 所示，都包含在 **javax.swing** 包中。

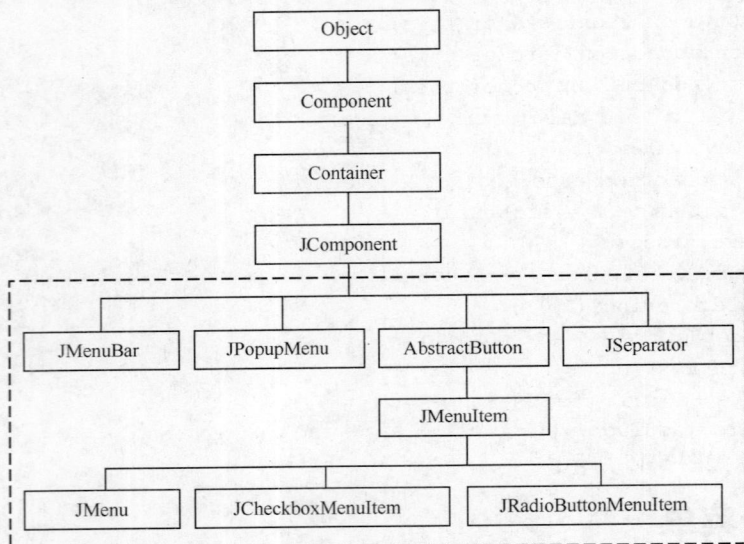

```
              Object
                │
            Component
                │
            Container
                │
            JComponent
                │
  ┌──────────┬────────────┬──────────────┬──────────────┐
JMenuBar   JPopupMenu   AbstractButton   JSeparator
                            │
                        JMenuItem
                            │
  ┌──────────┬──────────────────────┬──────────────────────┐
JMenu    JCheckboxMenuItem       JRadioButtonMenuItem
```

图 5-17 菜单类的层次结构

1. 下拉式菜单设计

（1）创建菜单栏（JMenuBar）

JMenuBar 类用于创建和管理菜单栏。菜单栏是菜单的容器，用来包容一组菜单。

① 使用菜单设计器创建。

打开窗口界面，切换到设计视图，从【Swing Containers】组件面板中将【JMenuBar】拖入应用程序的内容面板上。

② 手工编码创建。

```
JMenuBar jMenuBar1 = new JMenuBar();        //创建一个新的菜单栏
setJMenuBar(jMenuBar1);                      //将菜单栏添加到当前容器
```

（2）创建菜单（JMenu）

JMenu 类用于创建菜单栏上的各项菜单。

① 使用菜单设计器创建。

单击【Design】选项卡下的【Menu】选项卡，进入菜单设计器界面，使用菜单设计器的工具栏 按钮创建菜单。

② 手工编码创建。

```
JMenu jMenu1 = new JMenu();    //创建一个新的空的菜单
jMenu1.setText("文件");         //设置菜单的名称
jMenuBar1.add(jMenu1);         //将菜单添加到菜单栏中
```

（3）创建菜单项（JMenuItem）

JMenuItem 类用于创建菜单上的菜单项。

① 使用菜单设计器创建。

单击【Design】选项卡下的【Menu】选项卡，进入菜单设计器界面，使用菜单设计器的工具栏按钮创建菜单项。

② 手工编码创建。

```
JMenuItem jMenuItem1 = new JMenuItem();   //创建一个新菜单项
jMenuItem1.setText("打开");                //设置菜单项的名称
jMenu1.add(jMenuItem1);                    //将菜单项添加到菜单中
```

（4）创建复选菜单项（JCheckBoxMenuItem）

JCheckBoxMenuItem 类用于创建菜单上可以被选中或取消的菜单项。当被选中时，菜单项旁边出现一个复选标记；若未被选中，则复选标记被去掉。

① 使用菜单设计器创建。

使用菜单设计器的工具栏 ✔/✗ 按钮创建复选菜单项。

② 手工编码创建。

```
JCheckBoxMenuItem jCheckBoxMenuItem1 = new JCheckBoxMenuItem();
jCheckBoxMenuItem1.setText("粗体");
jMenu5.add(jCheckBoxMenuItem1);
```

（5）创建单选菜单项（JRadioButtonMenuItem）

JRadioButtonMenuItem 类用于创建菜单上可以单选的菜单项。当该项被选中时，其他同组菜单项均处于未被选中状态，即组内菜单项是互斥的。

① 使用菜单设计器创建。

使用菜单设计器的工具栏 % 按钮创建单选菜单项。

② 手工编码创建。

```
JRadioButtonMenuItem jRadioButtonMenuItem1 = new JRadioButtonMenuItem();
    jRadioButtonMenuItem1.setText("红色");
    jMenu5.add(jRadioButtonMenuItem1);
    buttonGroup1.add(jRadioButtonMenuItem1) ;      //添加到单选按钮组中实现单选
```

（6）创建子菜单

在菜单项下还有下一级菜单，称为子菜单，设计方法很简单，具体如下。

在要添加子菜单项的菜单项位置，同时按下 Ctrl 和向右光标键，即进入下一级子菜单的设计，设计方法与菜单项设计相同。

2. 弹出式菜单设计

JPopupMenu 是一种特殊形式的菜单，其性质与下拉式菜单几乎完全相同，只是显示方式不同。JPopupMenu 不固定在窗口的任何位置，而是由系统和鼠标控制菜单要显示的位置，通常单击鼠标右键来显示弹出式菜单。

JPopupMenu 的设计方法如下。

① 打开窗口界面，切换到设计视图，从【Swing Containers】组件面板中将【JPopupMenu】拖入应用程序的内容面板上。

② 单击【Design】选项卡下的【Menu】选项卡，进入菜单设计器界面，使用菜单设计器的工具栏 按钮创建各个菜单项。

③ 给窗口添加鼠标事件处理程序，当按下鼠标右键时，在窗口上的鼠标位置显示弹出式菜单。具体代码如下。

```
contentPane.addMouseListener(new Mouse Adapter() {
        public void mousePressed(MouseEvent mouseEvent) {
            contentPane_mousePressed(mouseEvent);
        }
    });
 public void jTextArea1_mousePressed(MouseEvent mouseEvent) {
    if(mouseEvent.getModifiers()==InputEvent.BUTTON3_MASK )
  {
  jPopupMenu1.show(this,mouseEvent.getX() ,mouseEvent.getY() ) ;
  }}
```

3．菜单的事件处理程序

菜单栏和菜单都不响应任何事件。菜单项响应事件和按钮响应事件相同，都会产生 ActionEvent 事件，事件处理程序同样可以通过自动生成、匿名内部类和手工编码 3 种方法来实现。

程序实现

根据上面的任务分析，我们可以按如下步骤来完成训练任务。

① 创建一个名为 Prj5.2.4 的工程，方法为单击【File】/【New Project】菜单项。

② 创建应用程序，方法为单击【File】/【New】/【Gerneral】/【Application】菜单项。

③ 在创建应用程序向导第 1 步，设置【Class name】为【MenuApp】。

④ 在创建应用程序向导第 2 步，设置框架类的名为【MenuFrame】。

⑤ 在工程窗口中双击【MenuFrame.java】（如果未打开）。

⑥ 打开窗口界面，切换到设计视图，从【Swing Containers】组件面板中将【JMenuBar】拖入应用程序的内容面板上。

⑦ 单击【Design】选项卡下的【Menu】选项卡，进入菜单设计器界面，使用菜单设计器的工具栏创建下拉式菜单，具体操作按照任务分析中介绍的方法。

⑧ 切换到设计视图，从【Swing Containers】组件面板中将【JPopupMenu】拖入应用程序的内容面板上。

⑨ 单击【Design】选项卡下的【Menu】选项卡，进入菜单设计器界面，使用菜单设计器的工具栏创建弹出式菜单，具体操作按照任务分析中介绍的方法。

⑩ 选择菜单设计器中的【颜色】/【红色】菜单项，选择查看器中的【Event】选项卡，双击【actionPerformed】方法的右侧列表，进入方法体的代码编写环境，重写 actionPerformed 方法的功能。具体代码如下。

⑪ 【蓝色】菜单项和【绿色】菜单项的编码与步骤⑩类似，这里不再赘述。

⑫ 参照任务分析中弹出式菜单的显示方式，编写弹出式菜单显示程序。

⑬ 程序编译运行，运行结果如图 5-16 所示。

```
jRadioButtonMenuItem1.addActionListener(new ActionListener() {
            public void actionPerformed(ActionEvent actionEvent) {
                    jRadioButtonMenuItem1_actionPerformed(actionEvent);
            }
        });
public void jRadioButtonMenuItem1_actionPerformed(ActionEvent actionEvent) {
            jTextArea1.setForeground(Color.RED ) ;}
```

5.2.5　设计工具栏

训练任务

为 5.2.4 节的任务添加一个效果如图 5-18 所示工具栏，工具栏上从左到右 3 个按钮的功能分别是：单击第 1 个按钮清除文本域的内容；单击第 2 个按钮打开【字体】对话框，改变文本域字体；单击第 3 个按钮打开【颜色】对话框，改变文本域背景颜色。

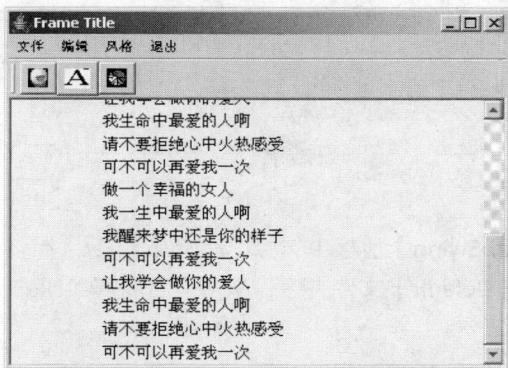

图 5-18　工具栏的效果

技能要点

① 学会工具栏的设计。

② 学会编写工具栏按钮的事件处理程序。

任务分析

1．工具栏设计

在应用程序中要设计工具栏，需要使用 JToolBar 类，该类包含在 javax.swing 中，使用 JToolBar 类创建一个工具栏对象，然后使用 add( )方法将带图标的按钮添加到工具栏即可。

2．工具栏按钮事件处理

工具栏按钮的事件处理与普通界面上的按钮事件处理机制完全相同，这里不再赘述。

字体对话框和颜色对话框分别由 FontChooser 类和 JColorChooser 类的组件来实现，具体使用如下。

程序实现

① 启动 5.2.4 节的项目 Prj5.2.4.jpx，在工程窗口中双击【MenuFrame.java】(如果未打开)。

② 切换到设计视图，从【Swing Containers】组件面板中将【JToolBar】拖入应用程序的内容面板上。

③ 切换到代码视图中，在 MenuFrame 类的成员变量部分新建 3 个图形化按钮，代码如下。

```
JButton jButton1 = new JButton(new ImageIcon("images\\Fetion.GIF") );
JButton jButton2 = new JButton(new ImageIcon("images\\font.GIF") );
JButton jButton3 = new JButton(new ImageIcon("images\\GRAPH11.GIF"));
```

④ 在 jbInit( )方法中，将 3 个按钮添加到工具栏中，代码如下。

```
jToolBar1.add(jButton1);
jToolBar1.add(jButton2);
jToolBar1.add(jButton3);
```

⑤ 采用匿名内部类的方法编写第 1 个按钮的清除功能，代码如下。

```
jButton1.addActionListener(new ActionListener() {
            public void actionPerformed(ActionEvent actionEvent) {
                jButton1_actionPerformed(actionEvent);
            }
        });
public void jButton1_actionPerformed(ActionEvent actionEvent) {
        jTextArea1.setText("");
    }
```

⑥ 从组件箱的【More dbSwing】面板中选择【FontChooser】组件，在【Structure】窗口中将【FontChooser】组件放置在【Default】文件夹下，采用匿名内部类的方法编写第 2 个按钮的字体设置功能，代码如下。

```
jButton2.addActionListener(new ActionListener() {
            public void actionPerformed(ActionEvent actionEvent) {
                jButton2_actionPerformed(actionEvent);
            }
        });
public void jButton2_actionPerformed(ActionEvent actionEvent) {
        fontChooser1.setSelectedFont(jTextArea1.getFont() ) ;
        if(fontChooser1.showDialog() ==true)
            jTextArea1.setFont(fontChooser1.getSelectedFont() ) ;
    }
```

⑦ 从组件箱的【Swing Containers】面板中选择【ColorChooser】组件，在【Structure】窗口中将【ColorChooser】组件放置在【UI】文件夹下，采用匿名内部类的方法编写第 3 个按钮的颜色设置功能，代码如下。

```
jButton3.addActionListener(new ActionListener() {
            public void actionPerformed(ActionEvent actionEvent) {
                    jButton3_actionPerformed(actionEvent);
            }
        });
```

```
public void jButton3_actionPerformed(ActionEvent actionEvent) {
        Color c=JColorChooser.showDialog(this,"颜色对话框",jTextArea1.getBackground());
        jTextArea1.setBackground(c) ;
    }
```

⑧ 程序重新编译运行，运行效果如图 5-18 所示。

5.3 项目学做

5.3.1　聊天室服务器界面设计

需求分析

我们所设计的聊天室程序是一个基于 C/S 结构的网络即时通信程序，包括服务器端和客户端两部分。其中，服务器端的主要功能是：启动后处于监听状态，在特定的端口监听客户端的连接请求，一旦客户端连接成功后便进入聊天状态。服务器可以发送信息给所有成功连接的客户端，同时也能接收所有客户端发来的信息。

通过分析确定，在服务器端的窗口界面上至少包含如下组件。

① 输入信息的文本框。

② 显示接收信息的文本域。

③ 具有发送信息功能的按钮。

解决方案

① 启动 JBuilder2005，单击【 File 】/【 New Project 】菜单项，创建一个工程，存盘为【 chat.jpx 】。

② 单击【 File 】/【 New 】/【 Gennral 】/【 Frame 】菜单项，创建一个框架窗口，框架名称为【 Server 】。

③ 在工程窗口中双击【 Server.java 】（ 如果未打开 ）。

④ 打开窗口界面，切换到设计视图，从【 Swing Containers 】组件面板中拖入【 JPanel1 】，【 JPanel2 】，【 JPanel3 】组件，依次摆放在内容面板（边界布局方式）上的 NORTH，CENTER，SOUTH 3 个位置上。

⑤ JPanel1 容器组件采用默认的布局方式，在上面放置一个 JLabel1 标签，用来显示聊天室服务器端的 LOGO 图片 title1.gif。

⑥ JPanel2 容器组件采用边界布局方式，在上面先放置一个 JScrollPane1 组件，将一个文本域组件 JTextArea1 放置在 JScrollPane1 组件中，从而实现文本域内容的滚动显示。JTextArea1 组件用来显示接收到的客户信息。

⑦ JPanel3 容器组件采用默认的布局方式，在上面放置一个输入信息的文本框、一个发送信息的按钮。

⑧ 确定窗口的大小和标题，否则，测试将看不到窗体。

```
this.setSize(400,300) ;           //设置窗体的大小
this.setTitle("聊天室服务器") ;    //设置窗体的标题
this.setVisible(true) ;           //设置窗体的可见性
```

关键步骤与代码

Server.java 的源程序代码如下。

```java
package chat;
import java.awt. *;
import javax.swing. *;
public class Server extends JFrame {
    BorderLayout borderLayout1 = new BorderLayout();
    JPanel jPanel1 = new JPanel();
    JPanel jPanel2 = new JPanel();
    JPanel jPanel3 = new JPanel();
    BorderLayout borderLayout2 = new BorderLayout();
    JTextArea jTextArea1 = new JTextArea();
    BorderLayout borderLayout3 = new BorderLayout();
    JLabel jLabel1 = new JLabel(new ImageIcon("title1.gif") );
    JTextField jTextField1 = new JTextField(28);
    JButton jButton1 = new JButton();
    JScrollPane jScrollPane1 = new JScrollPane();
    public Server() {
        try {
            jbInit();
        } catch (Exception exception) {
            exception.printStackTrace();
        } }
    private void jbInit() throws Exception {
        getContentPane().setLayout(borderLayout1);
        jTextField1.setFont(new java.awt.Font("Dialog", Font.PLAIN, 14));
        jTextField1.setText("消息输入框");
        jButton1.setFont(new java.awt.Font("Dialog", Font.PLAIN, 14));
        jButton1.setText("发送");
        jTextArea1.setFont(new java.awt.Font("Dialog", Font.PLAIN, 14));
        jTextArea1.setText("消息接收框");
        jTextArea1.setLineWrap(true);
        jTextArea1.setWrapStyleWord(true);
        jPanel3.setBackground(new Color(253, 193, 90));
        this.getContentPane().add(jPanel2, java.awt.BorderLayout.CENTER);
        jPanel1.setLayout(borderLayout3);
        jLabel1.setText("");
        jPanel3.setBorder(BorderFactory.createEtchedBorder());
        jPanel2.setBorder(BorderFactory.createEtchedBorder());
        jPanel2.setLayout(borderLayout2);
        jPanel1.setBorder(BorderFactory.createEtchedBorder());
        this.getContentPane().add(jPanel1, java.awt.BorderLayout.NORTH);
        jPanel1.add(jLabel1, java.awt.BorderLayout.NORTH);
        this.getContentPane().add(jPanel3, java.awt.BorderLayout.SOUTH);
        jPanel3.add(jTextField1);
        jPanel3.add(jButton1);
        jPanel2.add(jScrollPane1, java.awt.BorderLayout.CENTER);
```

```
        jScrollPane1.getViewport().add(jTextArea1);
        this.setSize(400,300) ;
        this.setTitle("聊天室服务器") ;
        this.setVisible(true) ;
    }
    public static void main(String[] args) {
        Server server = new Server();
    }}
```

运行结果

Server.java 的源程序代码运行结果如图 5-19 所示。

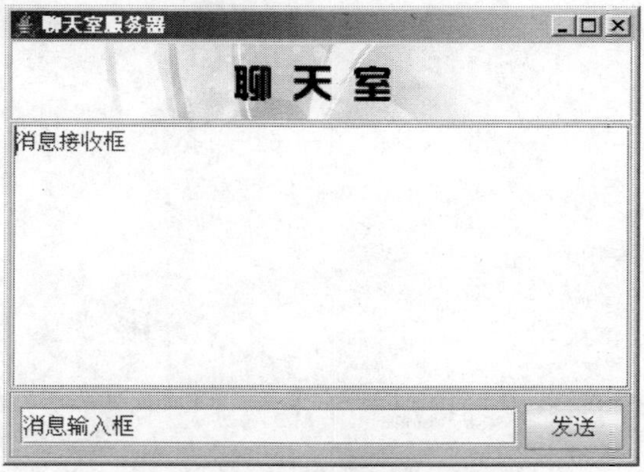

图 5-19　聊天室服务器端界面效果图

5.3.2　聊天室客户端界面设计

需求分析

聊天室程序中，客户端的主要功能是：通过特定的端口与服务器端建立连接，一旦连接成功后便进入聊天状态。客户可以发送信息或文件给所有成功连接的客户和服务器，同时接收所有客户端（包括服务器）发来的信息。

通过分析确定，在客户端窗口界面上至少包含如下组件。

① 输入信息的文本框。
② 显示接收信息的文本域。
③ 具有发送信息功能的按钮。
④ 具有发送文件功能的按钮。

解决方案

① 启动 JBuilder2005，单击【File】/【New Project】菜单项，创建一个工程，存盘为【chat.jpx】。
② 单击【File】/【New】/【Genernal】/【Frame】菜单项，创建一个框架窗口，框架名称为【Client】。
③ 在工程窗口中双击【Client.java】（如果未打开）。
④ 打开窗口界面，切换到设计视图，从【Swing Containers】组件面板中拖入【JPanel1】，

【JPanel2】,【JPanel3】组件,依次摆放在内容面板(边界布局方式)上的 NORTH, CENTER, SOUTH 3 个位置上。

⑤ JPanel 容器组件采用默认的布局方式,在上面放置一个 Jlabel 标签,用来显示聊天室客户端的 LOGO 图片 title14.gif。

⑥ JPanel2 容器组件采用边界布局方式,在上面先放置一个 JScrollPane1 组件,将一个文本域组件 JTextArea1 放置在 JScrollPane1 组件中,从而实现文本域内容的滚动显示。JTextArea1 组件用来显示接收到的信息。

⑦ JPanel3 容器组件采用默认的布局方式,在上面放置一个输入信息的文本框、一个发送信息的按钮、一个发送文件的按钮。

⑧ 确定窗口的大小和标题,否则,测试将看不到窗体。

```
this.setSize(400,300) ;          //设置窗体的大小
this.setTitle("客户窗口") ;       //设置窗体的标题
this.setVisible(true) ;          //设置窗体的可见性
```

关键步骤与代码

Client.java 的源程序代码如下。

```
package chat;
import javax.swing. *;
import java.awt. *;
public class Client extends JFrame {
    BorderLayout borderLayout1 = new BorderLayout();
    JPanel jPanel1 = new JPanel();
    JPanel jPanel2 = new JPanel();
    JPanel jPanel3 = new JPanel();
    BorderLayout borderLayout2 = new BorderLayout();
    JTextArea jTextArea1 = new JTextArea();
    BorderLayout borderLayout3 = new BorderLayout();
    JLabel jLabel1 = new JLabel(new ImageIcon("title4.gif") );  //带图标标签
    JTextField jTextField1 = new JTextField(20);
    JButton jButton1 = new JButton();
    JScrollPane jScrollPane1 = new JScrollPane();
    JButton jButton2 = new JButton(new ImageIcon("mail.gif") );  //带图标按钮
    public Client() {
        try {
            jbInit();
        } catch (Exception exception) {
            exception.printStackTrace();
        }}
    private void jbInit() throws Exception {
        getContentPane().setLayout(borderLayout1);
        jTextField1.setFont(new java.awt.Font("Dialog", Font.PLAIN, 14));
        jTextField1.setText("消息输入框");
        jButton1.setFont(new java.awt.Font("Dialog", Font.PLAIN, 14));
        jButton1.setText("发送");
```

```
        jTextArea1.setFont(new java.awt.Font("Dialog", Font.PLAIN, 14));
        jTextArea1.setText("消息接收框");
        jTextArea1.setLineWrap(true);
        jTextArea1.setWrapStyleWord(true);
        jPanel3.setBackground(new Color(253, 193, 90));
        jButton2.setFont(new java.awt.Font("Dialog", Font.PLAIN, 10));
        jButton2.setText("");
        this.getContentPane().add(jPanel2, java.awt.BorderLayout.CENTER);
        jPanel1.setLayout(borderLayout3);
        jLabel1.setText("");
        jPanel3.setBorder(BorderFactory.createEtchedBorder());
        jPanel2.setBorder(BorderFactory.createEtchedBorder());
        jPanel2.setLayout(borderLayout2);
        jPanel1.setBorder(BorderFactory.createEtchedBorder());
        this.getContentPane().add(jPanel1, java.awt.BorderLayout.NORTH);
        jPanel1.add(jLabel1, java.awt.BorderLayout.NORTH);
        this.getContentPane().add(jPanel3, java.awt.BorderLayout.SOUTH);
        jPanel3.add(jTextField1);
        jPanel3.add(jButton1);
        jPanel3.add(jButton2);
        jPanel2.add(jScrollPane1, java.awt.BorderLayout.CENTER);
        jScrollPane1.getViewport().add(jTextArea1);
        this.setSize(400,300) ;
        this.setTitle("客户窗口") ;
        this.setVisible(true) ;
    }
    public static void main(String[] args) {
        Client client = new Client();
    }}
```

运行结果

Client.java 的源程序代码运行结果如图 5-20 所示。

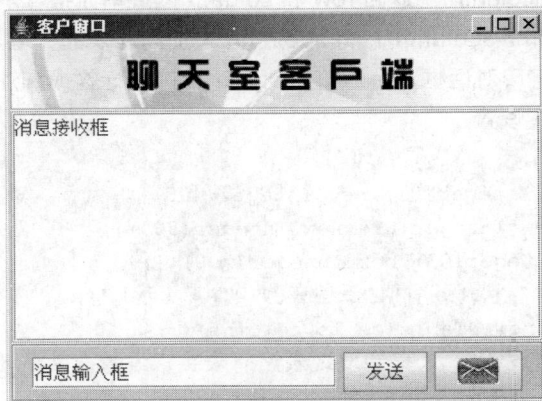

图 5-20　聊天室客户端界面效果图

5.4 | 项目小结

5.4.1 技能回顾

本章重点讲述了 Java 中图形用户界面（GUI）应用程序的设计和事件处理机制，并实现了聊天室客户端和服务器端的接口界面设计，主要内容如下。

① 如何利用常用的 Swing 组件设计应用程序的 GUI。

② 如何实现图形用户界面的人机交互。

③ 如何设计下拉式菜单和弹出式菜单。

④ 如何设计工具栏。

⑤ 如何使用布局管理器布局图形用户界面。

5.4.2 知识拓展

1．JTable 组件的使用

JTable 类继承了 javax.swing.JComponent 类，可以显示和编辑规则的二维单元表。JTable 本身不包含数据，也不存储数据，只提供呈现数据的方式。

（1）JTable 类的常用构造方法

JTable()：构造一个空白表，没有行、列。

JTable(int numRows, int numColumns)：构造具有空单元格的 numRows 行和 numColumns 列的表。

JTable(Object[ ][ ] rowData, Object[ ] columnNames)：构造一个列名称为 columnNames、内容为二维数组 rowData 的二维表。

（2）JTable 类的常用方法

getValueAt(int row, int column)：返回 row 和 column 位置单元格值。

addColumn(TableColumn aColumn)：将 aColumn 追加到此表的列尾。

print()：它显示一个打印对话框，然后打印此表，不打印标题或脚注文本。

（3）JTable 组件的表头设置

```
Object[ ][ ] cells =
   {    {"Java",new Integer(01),new Integer(400)},
        {"Oracle",new Integer(02),new Integer(500)},
        {"C#",new Integer(03),new Integer(700)}};
   String[] colnames={"课程名称","课程编号","学费（元）"};
   JTable jTable1 = new JTable(cells,columns);
```

使用上面的代码创建的表格，大家会发现表没有表头，设置表头的步骤如下。

① 要显示表头，请单击【Design】选项卡。

② 选定该表，在属性检查器中右击表头属性【tableHeader】。

③ 单击关联菜单中的【Expose as Class level variable】菜单项。

④ 此时运行程序将显示表头。

2．JTree 组件的使用

JTree 类表示树的层次结构图，树层次结构中的每一行称为一个节点，展开或折叠 JTree 对象中的任何节点，都会产生事件。JTree 中的节点有根节点、枝节点和叶节点 3 种类型。Default MutableTreeNode 对象提供 TreeNode 对象的默认实现。

（1）自定义树结构关键代码

```
// 创建根节点
DefaultMutableTreeNode root = new DefaultMutableTreeNode("根节点");
// 创建枝节点
DefaultMutableTreeNode parent = new DefaultMutableTreeNode("书籍");
DefaultMutableTreeNode leaf = new DefaultMutableTreeNode("java");
// 将叶节点添加至枝节点
parent.add(leaf)
// 将枝节点添加至根节点
root.add(parent);
jTree2 = new JTree(root);
contentPane.add(jTree2);
```

（2）处理与 JTree 关联的事件

重写 JTree 组件的 valueChanged()方法，对节点的选择做出响应。

（3）JTree 组件的常用方法

getLastSelectedPathComponent()：用于确定当前选定的节点。

getUserObject()：用于获得当前选择节点的数据。

isRoot()：判断节点是否是根节点。

ifLeaf()：判断节点是否是叶节点。

getChildCount()：获得选定节点下子节点的个数。

3．鼠标事件

（1）MouseListener 接口

任何组件上都可以发生鼠标事件，如：鼠标进入、退出、单击、拖动和释放。当发生鼠标事件时 MouseEvent 类自动创建一个事件对象。

鼠标事件的处理步骤如下。

① 使用 MouseListener 接口处理鼠标事件。

② 通过 addMouseListener()设置侦听。

③ 重写 MouseListener 接口中的 5 个方法。

鼠标事件处理中常用的方法。

① getX()：获取鼠标在事件源坐标系中的 x 坐标。

② getY()：获取鼠标在事件源坐标系中的 y 坐标。

③ getModifiers()：获取鼠标的左右键，分别使用 InputEvent 类中的常量 BUTTON1_MASK 和 BUTTON2_MASK 来表示。

④ getClickCount( )：获取鼠标被单击的次数。

⑤ getSource( )：获取发生鼠标事件的事件源。

（2）MouseMotionListener 接口

在组件上拖动鼠标、移动鼠标，当发生鼠标事件时 MouseEvent 类自动创建一个事件对象。

鼠标拖动事件处理步骤如下。

① 使用 MouseMotionListener 接口处理鼠标事件。

② 通过 addMouseMotionListener( )设置侦听。

③ 重写 MouseMotionListener 接口中的两个方法。

鼠标事件的转移方法如下。

MouseEvent convertMouseEvent(Component source, MouseEvent sourceEvent, Component destination)

4．键盘事件

当一个组件处于激活状态时，敲击键盘上的一个键就发生了键盘事件（KeyEvent）。键盘事件处理步骤如下。

① 依靠 KeyListener 侦听事件。

② 通过 addKeyListener( )设置侦听。

③ 重写 KeyListener 接口中的 3 个方法。

键盘事件常用方法如下。

① e.getKeyCode( )：返回按下的键值。

② e.getKeyChar( )：返回按下键的字符。

③ 可以通过 getModifiers( )方法返回的值处理复合键事件。该方法返回值是 InputEvent 类的类常量：ALT_MASK，CTRL_MASK，SHIFT_MASK。

例如：判断是否按下 Ctrl+x 组合键，可用下面的表达式。

e.getModifiers( )==InputEvent. CTRL_MASK &&e.getKeyCode( )==KeyEvent.vk_x

5．窗口事件

（1）WindowListener

当一个 Frame 窗口被激活、打开、关闭、图标化或撤销图标化时，就发生了窗口事件，即 WindowEvent 创建一个窗口事件对象。窗口事件处理步骤如下。

① 依靠 WindowListener 侦听事件。

② 通过 addWindowListener( )设置侦听。

③ 重写 WindowListener 接口中的 7 个方法。

窗口事件主要方法如下。

获得发生窗口事件的窗口方法：e.getWindow( )。

（2）WindowAdapter

当类实现一个接口时，要实现该接口中的所有方法，即使有些方法不用，也很麻烦。适配器代替接口来处理事件，已经实现了相应接口中的所有方法，使用适配器做监视器只要重写需要的方法即可。

WindowAdapter 适配器实现了 WindowListener 接口，可以使用 WindowAdapter 的子类创建窗口的监视器，在子类中重写需要的方法即可。

5.5 | 实战练习

1．选择题

（1）下列说法中，_____是不正确的。

    A．Swing 是在 AWT 的基础上发展起来的

    B．Swing 是纯 Java 组件，是轻量级组件

    C．Swing 的 API 在包 javax.swing 中

    D．Swing 组件都是以字母 "S" 打头的

（2）_____是 Swing 中常用的生成应用程序窗体的顶层容器。

    A．JComboBox   B．JTextField   C．JButton   D．JFrame

（3）_____是一个专用容器，该容器管理市区，具有可选的垂直和水平滚动条。

    A．JFrame   B．JPanel   C．JScrollPane   D．JTextArea

（4）_____是用来生成文本框的 Swing 组件。

    A．JComponent   B．JTextField   C．Object   D．JTextArea

（5）_____允许在任何时间点从一组选项中只选择一个选项。

    A．JTextArea   B．JButton   C．JCheckBcx   D．JRadioButton

（6）_____是 JFrame 组件的默认布局管理器。

    A．null   B．BorderLayout   C．FlowLayout   D．网格布局

（7）_____类用于创建菜单项。

    A．JMenuItem   B．JPopupMenu   C．JMenu   D．JMenuBar

（8）_____是对 JMenu 文件的有效声明。

    A．Menu mnufile=new JMenu(文件);

    B．JMenu mnufile=new JMenu( );

        mnuFile.setText("文件");

    C．JMenu mnufile=new JMenu("文件");

        mnuFile.setLable("文件");

    D．JMenu mnufile=new JMenu("文件");

        mnuFile.setCaption("文件");

（9）以下菜单中，_____是父类。

    A．JcheckBoxMenuItem   B．JCheckBoxMenuItem

    C．Jmenu   D．JMenuItem

（10）_____是对 JOptionPane 类的有效构造方法声明。

    A．JOptionPane( )

    B．JOptionPane(String message)

    C. JOptionPane(Object message)

    D. JOptionPane(Object message,Object messageType)

（11）分析以下代码片段：

```
Obj.showMessageDialog(this, "您是授权用户", "经授权的用户", JOptionPane.INFORMATION,
MESSAGE);
```

    其中 obj 是 JOptionPane 的对象，以上代码将不会翻译，因为_____。

    A. this 关键字用于参数列表

    B. 在参数列表中传递两个 String 参数

    C. showMessageDialog 方法不存在

    D. JOptionPane.INFORMATION，MESSAGE 是非法参数

（12）_____事件与 JCheckMenuItem 类相关联。

    A. ItemEvent   B. ActionEvent

    C. CheckTextEvent   D. ItemStateEvent

（13）JTable 扩展_____类。

    A. JComponent   B. JContainer   C. Component   D. Container

（14）使用_____可编辑表。

    A. JTable 类   B. JList 类   C. JScrollPane 类   D. JTree 类

（15）要用 JTable 显示表头，请单击_____。

    A. ResourceBundle   B. ClearProperty Setting

    C. Expose as class level variable   D. Property Exposure Level

（16）_____位于树的最顶层。

    A. 叶节点   B. 枝节点   C. 节点   D. 根节点

（17）_____组件用于以行或列的形式显示数据。

    A. JTree   B. JScrollPane   C. JTable   D. JFrame

（18）_____组件用于以层次结构显示数据。

    A. JTree   B. JScrollPane   C. JTable   D. JFrame

2．编程题

    （1）在 JBuilder2005 开发环境中创建一个项目，项目名称为 JavaTest。在项目 JavaTest_B 中创建一个 Java GUI 应用程序。程序运行结果的初始界面如图 5-21 所示。

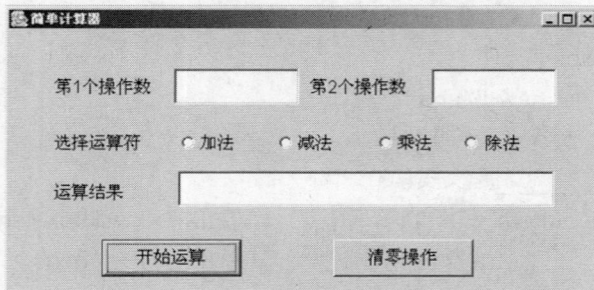

图 5-21　程序运行结果初始图

    ① 框架（JFrame）大小为（550，300），并正确设置布局管理器为 null。

② 各组件的初始化正确。

（2）输入第 1 个和第 2 个操作数（均为整数），选择某种操作运算后，单击【提交】按钮，在下面的 JTextField 区域内显示计算的结果，如图 5-22 所示。

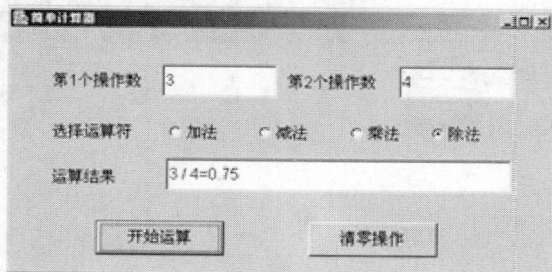

图 5-22 程序运行结果图（一）

（3）若操作数没有输入，或者运算符没有选择，就单击【开始运算】按钮，则在上边 JLabel 区域中显示"信息输入不完整，无法开始计算"（字体颜色为红色），如图 5-23 所示。

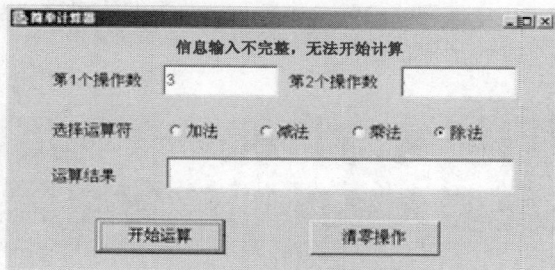

图 5-23 程序运行效果图（二）

（4）当单击【清零操作】按钮时，除操作运算符单选按钮外，所有组件恢复初始状态。

第 6 章 聊天室的网络通信功能

本章简介

第 5 章学习了 Java 中图形用户界面（GUI）应用程序的设计和事件处理机制，并实现了聊天室客户端和服务器端的接口界面设计。本章将介绍 Java 网络编程的基础知识，以及网络编程的特点和方法。通过本章的学习，读者应了解网络编程的模型，熟练掌握使用 Socket 进行网络编程的方法，从而实现聊天室客户端和服务器端的通信功能。

6.1 | 项目任务与目标——利用网络套接字实现聊天室的通信功能

工作任务

1. 实现服务器端的网络通信功能
2. 实现客户端的网络通信功能

技能目标

1. 使用 InetAddress 类获取网络域名和 IP 地址
2. 使用 URL 类获得网络数据信息
3. 使用 Socket 套接字实现网络通信

本章术语

➢ InetAddress 类——用于描述和包装一个 Internet IP 地址
➢ URL 类——统一资源定位符，指向 Internet "资源" 的指针
➢ ServerSocket 类——服务器套接字类
➢ Socket 类——套接字类

6.2 技能训练

6.2.1 获取网络域名或 IP

训练任务

设计一个简易的网络域名和 IP 地址的转换器。当在域名文本框中输入域名后，单击【转换】按钮，在 IP 地址文本框中立即显示相应的 IP 地址；当在 IP 地址文本框中输入有效 IP 地址后，单击【转换】按钮，在域名文本框中立即显示相应的域名；单击【获取本机域名和 IP 地址】按钮，将在下面的多行文本域中显示本机的域名和 IP 地址。转换器程序运行结果如图 6-1 所示。

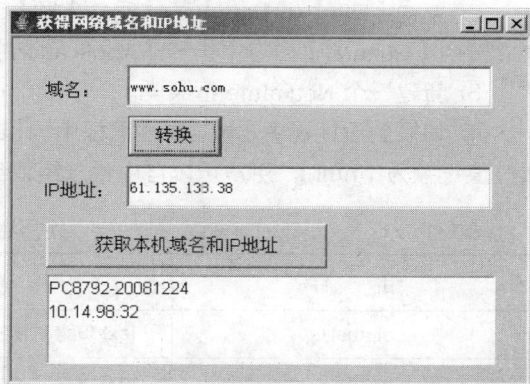

图 6-1 转换器程序运行结果图

技能要点

① 获得 Internet 上主机的地址和域名。
② 获得本地机的地址和域名。

任务分析

我们知道在 Internet 上的主机有两种表示地址的方法。

（1）IP 地址

所谓 IP 地址就是给每个连接在 Internet 上的主机分配的一个在全世界范围内唯一的 32bit 地址。IP 地址的结构使我们可以在 Internet 上很方便地寻找。IP 地址通常用更直观的、以圆点分隔符"."隔开的 4 个十进制数字表示，每一个数字对应 8 个二进制的比特位，如某一台主机的 IP 地址为128.20.4.1。

（2）域名

域名是 Internet 网络上的一个服务器的名字，全世界没有重复的域名。域名的形式是以若干个英文字母或数字组成的，由"."分隔成几部分，如 www.sohu.com 就是一个域名。

在连接网络时输入一个主机的域名后，域名服务器（DNS）负责将域名转化成 IP 地址，从而建立和主机的连接。域名比 IP 地址容易记忆，使用起来更方便。

在 Java.net 包中有一个 InetAddress 类，该类包含有 Internet 主机地址的域名和 IP 地址，如：www.dky.edu.cn/222.249.138.205。

InetAddress 类常用的静态方法如下。

① InetAddress getByName（String s）：将一个域名或 IP 地址传递给该方法的参数 s，返回一个

InetAddress 对象，该对象含有主机地址的域名和 IP 地址，该对象用如下格式表示它包含的信息：
www.sohu.com/61.135.133.89。

② String getHostName()：获取 InetAddress 对象所含的域名。

③ String getHostAddress()：获取 InetAddress 对象所含的 IP 地址。

④ InetAddress getLocalHost()：获取一个 InetAddress 对象，该对象含有本地机的域名和 IP 地址。

程序实现

① 启动 JBuilder2005，创建名为 prj6-2-1.jpx 的工程。

② 单击【File】/【New】菜单项，选择【Object Gallery】面板左侧的【General】文件夹，然后在右侧的【General】内容中选择【Application】文件，新建一个 NetApp 应用。

③ 新建一个 NetFrame 框架类。

④ 切换到设计视图，单击属性面板中的【Layout】属性右边的列表，选择【null】，即将【Layout】属性值设置为【null】，用户可以自由摆放组件到设计视图中。所用组件属性设置如表 6-1 所示。

表 6-1　　　　　　　　　　　　　所用组件属性设置

组　　件	属　　性
JLabel1	text 值为 "域名"
JLabel2	text 值为 "IP 地址"
JTextField1	text 值为 ""
JTextField2	text 值为 ""
JButton1	text 值为 "转换"
JButton2	text 值为 "获取本机域名和 IP 地址"
jTextArea1	text 值为 ""

⑤ 单击【转换】按钮，编写如下代码。

```
public void jButton1_actionPerformed(ActionEvent actionEvent) {
    try{
        if (jTextField1.getText() != "" ){
            InetAddress add = InetAddress.getByName(jTextField1.getText());
            String ipstr=add.getHostAddress();
            jTextField2.setText(ipstr);
        }elseif (jTextField2.getText() != "") {
            InetAddress add = InetAddress.getByName(jTextField2.getText());
            String dnsstr=add.getHostName()  ;
            jTextField1.setText(dnsstr) ;
        }
    }
    catch(UnknownHostException e){
    JOptionPane.showMessageDialog(this,"您输入的域名有误！","提示",JOptionPane.
```

```
INFORMATION_ MESSAGE);
        }
    }
```

⑥ 单击【获取本机域名和 IP 地址】按钮，编写如下代码。

```
public void jButton2_actionPerformed(ActionEvent actionEvent) {
    try{
        jTextArea1.append(InetAddress.getLocalHost().getHostName()+"\n");
        jTextArea1.append(InetAddress.getLocalHost().getHostAddress()+"\n");
    }catch(UnknownHostException e){
    JOptionPane.showMessageDialog(this,"本地机有问题! ","提示",JOptionPane.INFORMATION_
MESSAGE);
    }
}
```

在 Internet 连通的情况下，程序运行结果如图 6-1 所示。

6.2.2 用 URL 获取网上的网页

训练任务

在一个文本框内输入一个网站地址，然后单击【确定】按钮后连接到指定的网站页面。效果如图 6-2、图 6-3 所示。

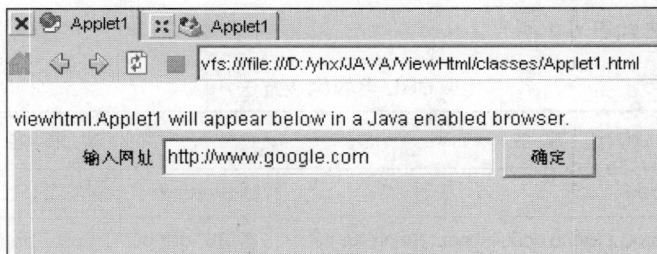

图 6-2 在 Applet1.html 页面输入网址

图 6-3 单击【确定】按钮后连接到页面的效果

技能要点

① 掌握 URL 类的常用方法。
② 使用 URL 与 Internet 进行连接和访问。

任务分析

Java 提供的基本网络功能包含在 java.net 软件包中。

类 URL 代表一个统一资源定位符，它是指向 Internet "资源"的指针。资源可以是简单的文件或目录，也可以是对更为复杂对象的引用，例如对数据库或搜索引擎的查询。一个典型的 URL 为：http://archive.ncsa.uiuc.edu/SDG/Software/Mosaic/Demo/url-primer.html。

通常，URL 可分成几个部分。上面 URL 示例使用的协议为 HTTP（超文本传输协议），并且该信息驻留在一台名为 www.ncsa.uiuc.edu 的主机上。主机上的信息名称为 /SDG/Software/Mosaic/Demo/url-primer.html。主机上此名称的准确含义取决于协议和主机。该信息一般存储在文件中，但可以随时生成。该 URL 的这一部分称为路径部分。

URL 可选择指定一个"端口"，它是用于建立到远程主机 TCP 连接的端口号。如果未指定该端口号，则使用协议默认的端口。例如，HTTP 协议的默认端口为 80。还可以指定一个备用端口，如下所示。

http://archive.ncsa.uiuc.edu:80/SDG/Software/Mosaic/Demo/url-primer.html。

1．URL 类的构造方法

URL 类的构造方法如表 6-2 所示。

表 6-2　　　　　　　　　　　　　　　URL 类的构造方法

编号	构 造 方 法	功 能 描 述
1	URL（String spec）	根据 String 表示形式创建 URL 对象
2	URL（String protocol,String host, int port, String file）	根据指定 protocol，host，port 号和 file 创建 URL 对象
3	URL（String protocol, String host, String file）	根据指定的 protocol 名称、host 名称和 file 名称创建 URL 对象
4	URL（URL context, String spec）	通过在指定的上下文中对给定的 spec 进行解析创建 URL 对象

2．获取 URL 对象的信息

URL 类的常用方法如表 6-3 所示。

表 6-3　　　　　　　　　　　　　　　URL 类的常用方法

编　　号	常 用 方 法	功 能 描 述
1	getProtocol( )	获得此 URL 的协议名称
2	getPort( )	获得此 URL 的端口号
3	getHost( )	获得此 URL 的主机名

续表

编　号	常 用 方 法	功 能 描 述
4	getFile( )	获得此 URL 的文件名
5	getContent( )	获得此 URL 的内容

程序实现

```java
package viewhtml;
import java.awt.*;
import java.awt.event. *;
import java.applet. *;
import java.net. *;
public class Applet1 extends Applet implements ActionListener {
    Button button;
    URL url;
    TextField text ;
  public void init ()
  {
    text =new TextField (18);
    button =new Button ("确定");
    add (new Label("输入网址"));
    add (text );
    add (button);
    button.addActionListener (this);
  }
  public void actionPerformed (ActionEvente)
  {
    if  (e.getSource ()== button)
    {
      try{
          url=new URL ( text .getText ().trim());
          getAppletContext().showDocument(url);
        }
      catch(MalformedURLException g)
        {
          text.setText(" 不正确的 URL: "+ url);
      } } } }
```

程序的运行结果如图 6-2、图 6-3 所示。

6.2.3　基于 TCP/IP 的即时通信

训练任务

设计一个基于 TCP/IP 的控制台通信程序。当服务器启动后，启动客户端，客户端向服务器每隔 500ms 发送一个随机数，服务器收到随机数后，将随机数加上"收到"确认信息后返回客户端。程序运行结果如图 6-4 所示。

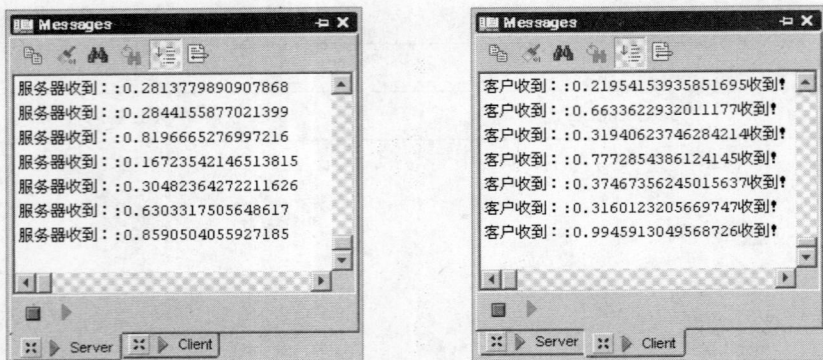

图 6-4　服务器和客户端通信效果图

技能要点

① 了解 TCP/IP 的原理。
② 理解网络套接字通信的机制。
③ 能够使用 Socket 进行网络编程。

任务分析

1．网络编程

网络编程的目标就是计算机之间相互传输数据。Java SDK 提供了一系列 API 来完成这些工作。对于程序员来说，这些 API 被存放在 java.net 包里面，因此只要导入这个包就可以进行网络编程。

对于网络编程来说，目前主要有两种编程模型，分别是 C/S 结构和 B/S 结构。

（1）C/S 结构是指客户机/服务器结构

所谓客户机/服务器结构，指的是在客户端需要安装客户端软件，由客户端软件负责与服务器端的数据通信，将任务合理分配到客户端和服务器端，降低了网络的负载开销。

（2）B/S 结构是指浏览器/服务器结构

客户端只需要安装网页浏览器，不需要安装客户端软件。大部分逻辑事务处理在服务器端完成，客户端浏览器只完成少量的事务处理，这样便减轻了客户端计算机的负载，减少了系统维护与升级的成本和工作量。在 Java 这样的跨平台语言出现之后，B/S 结构管理软件更加方便、快捷、高效。

2．TCP/IP

现在的 Internet 或 Intranet 大部分都是使用 TCP/IP 进行网络通信的，实际上 TCP/IP 是一组以 TCP 与 IP 为基础的相关协议的集合。

注意：该协议并不完全符合 OSI 的 7 层参考模型，而是采用 4 层结构。

（1）IP

IP 是 TCP/IP 族的核心，也是网络层中最重要的协议。其接收由更低层发来的数据包，并将该数据包发送到更高层，即 TCP 或 UDP 层；此外，也可以将从 TCP 或 UDP 层接收来的数据包传送到更低层。IP 是面向无连接的数据报传送，所以 IP 将报文传送到目的主机后，无论传送正确与否都不进行检验、不发送确认信息以及不保证分组的正确顺序。

（2）TCP

TCP 位于传输层，其提供面向有连接的数据包传送服务，保证数据包能够被正确传送与接收，包括内容的校验与包的顺序，损坏的包可以被重传。要注意的是：由于其提供的是有保证的数据传送服务，因此传送效率要比没有保证的服务低，一般适合工作在广域网中，对网络状况非常好的局域网不是很合算。当然，是否采用 TCP 也取决于具体的应用需求。

3．网络套接字

IP 地址表示 Internet 上的计算机，端口号标识正在计算机上运行的进程。端口号和 IP 地址的组合得出一个网络套接字。端口被规定为一个在 0～65535 的整数。HTTP 服务一般使用 80 端口，FTP 使用的是 21 端口，那么客户必须通过 80 端口才能连接到服务器的 HTTP 服务，而通过 21 端口才能连接到服务器的 FTP 服务。

在所有的端口中 1～1023 已经被系统所占用了，因此在定义自己的端口时，不能使用这一段的端口号，而应该使用 1024～65535 的任意端口号，以免发生端口冲突。

在 Java 中，将套接字抽象化为类，所以程序只需创建 Socket 类的对象就可以使用套接字。使用 Socket 类的输入和输出流对象实现数据的传输。Java 中的网络编程是通过 ServerSocket 类和 Socket 类结合使用来完成的。

4．ServerSocket 类

ServerSocket 是应用在服务器端的类。在服务器端，由 ServerSocket 类负责实现服务器套接字。ServerSocket 类位于 java.net 包中。由 ServerSocket 对象监听指定的端口，端口可以任意指定，但是要注意 1024 以下的端口通常属于系统保留端口，因此不可以随便使用，应该使用大于 1024 的端口号。开始监听后，服务器就等待客户端的连接请求，客户端连接后会话开始，完成会话后关闭连接。ServerSocket 类的主要构造方法见表 6-4。

表 6-4　　　　　　　　　　ServerSocket 类的主要构造方法

编号	构 造 方 法	功 能 描 述
1	ServerSocket()	创建非绑定服务器套接字
2	ServerSocket（int port）	创建绑定到特定端口的服务器套接字
3	ServerSocket（int port, int backlog）	利用指定的 backlog 创建服务器套接字并将其绑定到指定的本地端口号
4	ServerSocket（int port, int backlog, InetAddress bindAddr）	使用指定的端口侦听 backlog 和要绑定到的本地 IP 地址创建服务器套接字

注意：同一台主机上的同一端口号只能分配给一个特定的 ServerSocket 对象，不能两个 ServerSocket 对象监听同一个端口。端口号的理论范围为 0～65535，但前 1024 已经分配给了特定的应用协议，所以不能选用。

ServerSocket 类的常用方法如下。

① accept 方法：使用该方法接收客户端的连接请求，并将与客户端的连接封装成一个 Socket 对象返回。

② close 方法：用来关闭 ServerSocket 对象。

③ getLocalPort 方法：用来获取设置的端口号。

5．Socket 类

Socket 类表示套接字。使用 Socket 类时，需要指定待连接服务器的 IP 地址及端口号。客户机创建了 Socket 对象后，将马上向指定的 IP 地址及端口发起请求且尝试连接。于是，服务器套接字就会创建新的套接字对象，使其与客户端套接字连接起来。一旦服务器套接字与客户端套接字成功连接后，就可以获取套接字的输入输出流，彼此进行数据交换。Socket 类一共有 9 个构造方法，表 6-5 列出了其中常用的 3 个。

表 6-5 Socket 类的构造方法

编号	构 造 方 法	功 能 描 述
1	Socket( )	通过系统默认类型的 SocketImpl 创建未连接套接字
2	Socket（InetAddress address, int port）	创建一个流套接字并将其连接到指定 IP 地址的指定端口号
3	Socket（InetAddress address, int port, InetAddress localAddr, int localPort）	创建一个套接字并将其连接到指定远程端口上的指定远程地址

Socket 类的常用方法如下。

① getPort 方法：获取连接的远程端口。

② getLocalPort 方法：获取连接的本地端口。

③ getInputStream 方法：获取 Socket 对象的输入流。

④ getOutputStream 方法：获取 Socket 对象的输出流。

⑤ close 方法：关闭 Socket 对象。

程序实现

服务器端程序：

```
package prj7_2_2;
import java.io. *;
import java.net. *;
public class Server
{
  public static void main(String []args)
   {
ServerSocket server=null;
Socket you=null;String s=null;
DataOutputStream out =null;
DataInputStream in=null;
try{
   server=new ServerSocket(1234);
```

```
}
catch(IOException e1)
{
   System.out.println("ERRO:"+e1);
}
try{
  you=server.accept() ;
  in=new DataInputStream(you.getInputStream( ));
  out=new DataOutputStream(you.getOutputStream( ));
  while(true){
          s=in.readUTF( );//通过使用 in 读取客户放入 "线路" 里的信息。堵塞状态
          out.writeUTF(s+"收到! ") ;
          System.out.println("服务器收到: "+s);
          Thread.sleep(500);
}}
    catch (IOException e){
                    System.out.println(" "+e);}
    catch(InterruptedException  e){}
}
}
```

客户端程序：

```
package prj7_2_2;
import java.io.*;
import java.net.*;
public class Client {
    public static void main(String[] args) {
        String s=null;
        Socket mysocket;
        DataOutputStream out =null;
        DataInputStream in=null;
        try{
            mysocket=new Socket("localhost",1234) ;
            in=new DataInputStream(mysocket.getInputStream( ) ) ;
            out=new DataOutputStream(mysocket.getOutputStream() ) ;
            while(true){
            out.writeUTF(":"+Math.random( ));
             s=in.readUTF() ;
            System.out.println("客户收到: "+s);
            Thread.sleep(500);
        }
}
        catch(IOException e){
            System.out.println("无法连接");
        }
        catch(InterruptedException e){}
    }
}
```

程序运行结果如图 6-4 所示。

6.3 项目学做

6.3.1 聊天室服务器端通信功能的实现

需求分析

聊天室服务器端的网络通信功能主要是指服务器可以监听客户的连接请求，与客户端建立连接后，可以将文本框中的内容发送给客户端，也可以从客户端接收信息并显示在文本域中。

在 Java 中要通过网络进行通信，至少提供一对网络套接字。其中，服务器端使用的是 ServerSocket 套接字，由 ServerSocket 类定义。ServerSocket 类由 java.net 包提供，用于实现服务器端通信程序的编写。

解决方案

1. 声明 ServerSocket 对象，用于接受客户的连接

```
private ServerSocket serverSocket=null;
```

2. 声明 Socket，用于和客户进行数据连通

```
private Socket socket=null;
```

3. 声明套接字端口号

```
private int port=1234;
```

4. 声明输入/输出流对象

```
Private DataInputStream is=null;
private DataOutputStream os=null;
```

5. 编写服务器的监听方法

```
private void listen(){
    try{
        jTextArea1.setText("") ;
        serverSocket=new ServerSocket(port) ;
        jTextArea1.append("服务器已启动，正在端口: "+port+"监听客户的连接...\n") ;
        socket=serverSocket.accept();
        jTextArea1.append("客户"+socket.getInetAddress().toString() +"登录! \n") ;
        is=newObjectInputStream(socket.getInputStream() ) ;
        os=newObjectOutputStream(socket.getOutputStream()) ;
    }
```

```
catch(IOException e){
    e.printStackTrace() ;
} }
```

6. 编写服务器的发送聊天信息的方法

```
private void readMessage(){
    String s = null;
    try {
        s = (String) is.readObject();
    } catch (ClassNotFoundException ex) {
    } catch (IOException ex) {
    }
    jTextArea1.append(s+"\n");
}
```

7. 编写服务器的接收聊天信息的方法

```
private void processMessage(){
String message="服务器说: "+jTextField1.getText().trim();//获得消息框文本
jTextArea1.append(message+"\n");
try{
os.writeObject(message);      //利用对象输出流将消息发送给客户端
}catch(IOException e){
 e.printStackTrace();
}
jTextField1.setText("");      //清除消息框内容
    }
```

❖ 关键步骤与代码

服务器端 Server.java 的代码。

```
import java.awt. *;
import javax.swing. *;
import java.net. *;
import java.io. *;
import java.awt.event. *;
public class Server extends JFrame {
    BorderLayout borderLayout1 = new BorderLayout();
    JPanel jPanel1 = new JPanel();
    JPanel jPanel2 = new JPanel();
    JPanel jPanel3 = new JPanel();
    BorderLayout borderLayout2 = new BorderLayout();
    JTextArea jTextArea1 = new JTextArea();
    BorderLayout borderLayout3 = new BorderLayout();
    JLabel jLabel1 = new JLabel(new ImageIcon("title1.gif") );
    JTextField jTextField1 = new JTextField(28);
    JButton jButton1 = new JButton();
    JScrollPane jScrollPane1 = new JScrollPane();
```

```java
//声明 ServerSocket 对象，用于接受客户的连接
private ServerSocket serverSocket=null;
//声明 Socket，用于和客户进行数据连通
private Socket socket=null;
//声明端口号
private int port=1234;
//声明输入/输出流对象
private  ObjectOutputStream os=null;
private  ObjectInputStream is=null;
public Server() {
    try {
        jbInit();
    } catch (Exception exception) {
        exception.printStackTrace();
    } }
private void jbInit() throws Exception {
    getContentPane().setLayout(borderLayout1);
    jTextField1.setFont(new java.awt.Font("Dialog", Font.PLAIN, 14));
    jTextField1.setText("消息输入框");
    jButton1.setFont(new java.awt.Font("Dialog", Font.PLAIN, 14));
    jButton1.setText("发送");
    jButton1.addActionListener(new ActionListener() {
        public void actionPerformed(ActionEvent actionEvent) {
            jButton1_actionPerformed(actionEvent);
        }
    });
    jTextArea1.setFont(new java.awt.Font("Dialog", Font.PLAIN, 14));
    jTextArea1.setText("消息接收框");
    jTextArea1.setLineWrap(true);
    jTextArea1.setWrapStyleWord(true);
    jPanel3.setBackground(new Color(253, 193, 90));
    this.getContentPane().add(jPanel2, java.awt.BorderLayout.CENTER);
    jPanel1.setLayout(borderLayout3);
    jLabel1.setText("");
    jPanel3.setBorder(BorderFactory.createEtchedBorder());
    jPanel2.setBorder(BorderFactory.createEtchedBorder());
    jPanel2.setLayout(borderLayout2);
    jPanel1.setBorder(BorderFactory.createEtchedBorder());
    this.getContentPane().add(jPanel1, java.awt.BorderLayout.NORTH);
    jPanel1.add(jLabel1, java.awt.BorderLayout.NORTH);
    this.getContentPane().add(jPanel3, java.awt.BorderLayout.SOUTH);
    jPanel3.add(jTextField1);
    jPanel3.add(jButton1);
    jPanel2.add(jScrollPane1, java.awt.BorderLayout.CENTER);
    jScrollPane1.getViewport().add(jTextArea1);
    this.setSize(400,300) ;
    this.setTitle("聊天室服务器") ;
```

```
      this.setVisible(true) ;
    }
    private void listen(){
    try{
      jTextArea1.setText("") ;
      serverSocket=new ServerSocket(port) ;
      jTextArea1.append("服务器已经启动，正在端口: "+port+"监听用户的连接...\n") ;
      socket=serverSocket.accept();
      jTextArea1.append("客户"+socket.getInetAddress().toString() +"登录! \n") ;
      is=newObjectInputStream(socket.getInputStream() ) ;
      os=newObjectOutputStream(socket.getOutputStream()) ;
    }
    catch(IOException e){
       e.printStackTrace() ;
    } }
     private void readMessage(){
        String s = null;
        try {
           s = (String) is.readObject();
        } catch (ClassNotFoundException ex) {
        } catch (IOException ex) {
        }
        jTextArea1.append(s+"\n");
    }
 private void processMessage(){
String message="服务器说: "+jTextField1.getText().trim();  //获得消息框文本
jTextArea1.append(message+"\n");
try{
os.writeObject(message);  //利用对象输出流将消息发送给客户端
}catch(IOException e){
 e.printStackTrace();
}
jTextField1.setText("");  //清除消息框内容
  }
    public static void main(String[] args) {
       Server sf = new Server();
       sf.listen() ;
       while(true){
       sf.readMessage() ;
         }}
    public void jButton1_actionPerformed(ActionEvent actionEvent) {
       this.processMessage();
    }}
```

运行结果

Server.java 的源程序代码运行结果如图 6-5 所示。

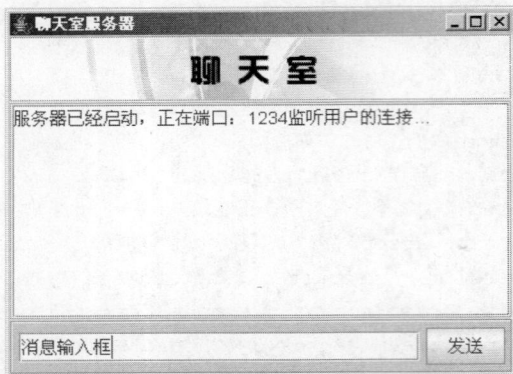

图 6-5 聊天室服务器启动效果图

6.3.2 聊天室客户端通信功能的实现

需求分析

聊天室客户端的网络通信功能主要是指向服务器发出连接请求，与服务器端特定端口建立连接后，可以将文本框中的内容发送给服务器，也可以从服务器端接收信息并显示在文本域中。

在 Java 中要通过网络进行通信，至少提供一对网络套接字。其中，客户端使用的是 Socket 套接字，由 Socket 类定义。Socket 类也由 java.net 包提供，用于实现客户端通信程序的编写。

解决方案

1．声明 Socket，用于和服务器及其他客户进行数据连通

```
private Socket socket=null;
```

2．声明套接字端口号

```
private int port=1234;
```

3．声明输入/输出流对象

```
private DataInputStream is=null;
private DataOutputStream os=null;
```

4．编写连接服务器方法，创建输入和输出流对象

```
private void connectServer() {
   try {
      socket = new Socket("127.0.0.1", port);
      is = new ObjectInputStream(socket.getInputStream());
      os = new ObjectOutputStream(socket.getOutputStream());
   } catch (IOException e) {
      e.printStackTrace();
   }}
```

5．编写客户端的发送聊天信息的方法

```
private void readMessage(){
    String s = null;
    try {
        s = (String) is.readObject();
    } catch (ClassNotFoundException ex) {
    } catch (IOException ex) {
    }
    jTextArea1.append(s+"\n");
}
```

6．编写客户端的接收聊天信息的方法

```
private void processMessage() {
    Stringmessage=socket.getLocalAddress().toString()+"            说            :
"+jTextField1.getText().trim();
            //获得消息框文本
    jTextArea1.append(message + "\n");
    try {
        os.writeObject(message);    //利用对象输出流将消息发送给客户端
    } catch (IOException e) {
        e.printStackTrace();
    }
    jTextField1.setText("");    //清除消息框内容
}
```

关键步骤与代码

客户端 Client.java 的代码。

```
package chat;
import javax.swing. *;
import java.awt. *;
import java.net. *;
import java.io. *;
import java.awt.event. *;
public class Client extends JFrame {
    BorderLayout borderLayout1 = new BorderLayout();
    JPanel jPanel1 = new JPanel();
    JPanel jPanel2 = new JPanel();
    JPanel jPanel3 = new JPanel();
    BorderLayout borderLayout2 = new BorderLayout();
    JTextArea jTextArea1 = new JTextArea();
    BorderLayout borderLayout3 = new BorderLayout();
    JLabel jLabel1 = new JLabel(new ImageIcon("title4.gif"));
    JTextField jTextField1 = new JTextField(20);
    JButton jButton1 = new JButton();
    JScrollPane jScrollPane1 = new JScrollPane();
```

```java
        JButton jButton2 = new JButton(new ImageIcon("mail.gif"));
    private Socket socket;
    private  ObjectOutputStream os=null;
    private  ObjectInputStream is=null;
    int port = 1234;
    public Client() {
        try {
            jbInit();
        } catch (Exception exception) {
            exception.printStackTrace();
        }
    }
    private void jbInit() throws Exception {
        getContentPane().setLayout(borderLayout1);
        jTextField1.setFont(new java.awt.Font("Dialog", Font.PLAIN, 14));
        jTextField1.setText("消息输入框");
        jButton1.setFont(new java.awt.Font("Dialog", Font.PLAIN, 14));
        jButton1.setText("发送");
        jButton1.addActionListener(new ActionListener() {
            public void actionPerformed(ActionEvent actionEvent) {
                jButton1_actionPerformed(actionEvent);
            }
        });
        jTextArea1.setFont(new java.awt.Font("Dialog", Font.PLAIN, 14));
        jTextArea1.setText("消息接收框");
        jTextArea1.setLineWrap(true);
        jTextArea1.setWrapStyleWord(true);
        jPanel3.setBackground(new Color(253, 193, 90));
        jButton2.setFont(new java.awt.Font("Dialog", Font.PLAIN, 10));
        jButton2.setText("");
        this.getContentPane().add(jPanel2, java.awt.BorderLayout.CENTER);
        jPanel1.setLayout(borderLayout3);
        jLabel1.setText("");
        jPanel3.setBorder(BorderFactory.createEtchedBorder());
        jPanel2.setBorder(BorderFactory.createEtchedBorder());
        jPanel2.setLayout(borderLayout2);
        jPanel1.setBorder(BorderFactory.createEtchedBorder());
        this.getContentPane().add(jPanel1, java.awt.BorderLayout.NORTH);
        jPanel1.add(jLabel1, java.awt.BorderLayout.NORTH);
        this.getContentPane().add(jPanel3, java.awt.BorderLayout.SOUTH);
        jPanel3.add(jTextField1);
        jPanel3.add(jButton1);
        jPanel3.add(jButton2);
        jPanel2.add(jScrollPane1, java.awt.BorderLayout.CENTER);
        jScrollPane1.getViewport().add(jTextArea1);
```

```java
        this.setSize(400, 300);
        this.setTitle("客户窗口");
        this.setVisible(true);
    }
    private void readMessage() {
        try {
            String s = (String) is.readObject();
            jTextArea1.append(s + "\n");
        } catch (IOException e) {
            e.printStackTrace();
        } catch (ClassNotFoundException e) {
            e.printStackTrace();
        }
    }
    private void connectServer() {
        try {
            socket = new Socket("127.0.0.1", port);
            is = new ObjectInputStream(socket.getInputStream());
            os = new ObjectOutputStream(socket.getOutputStream());
        } catch (IOException e) {
            e.printStackTrace();
        }
    }
    private void processMessage() {
//获得消息框文本
        Stringmessage=socket.getLocalAddress().toString()+" 说：  "+jTextField1.get
Text().trim();
        jTextArea1.append(message + "\n");
        try {
//利用对象输出流将消息发送给客户端
            os.writeObject(message);
        } catch (IOException e) {
            e.printStackTrace();
        }
//清除消息框内容
        jTextField1.setText("");
    }
    public static void main(String[] args) {
        Client client = new Client();
        client.connectServer();
        while (true) {
            client.readMessage();
        }
    }
    public void jButton1_actionPerformed(ActionEvent actionEvent) {
        this.processMessage();
    }
}
```

运行结果

Server.java 的源程序代码运行结果（服务器运行效果）如图 6-6 所示。

Client.java 的源程序代码运行结果（客户端运行效果）如图 6-7 所示。

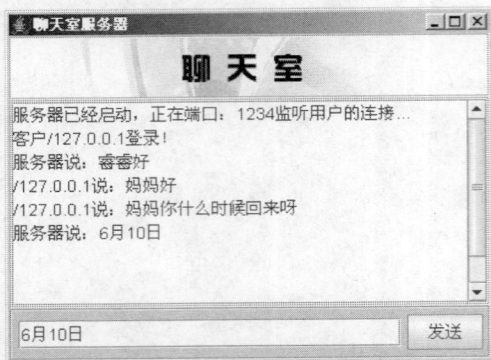

图 6-6　聊天室服务器运行效果图

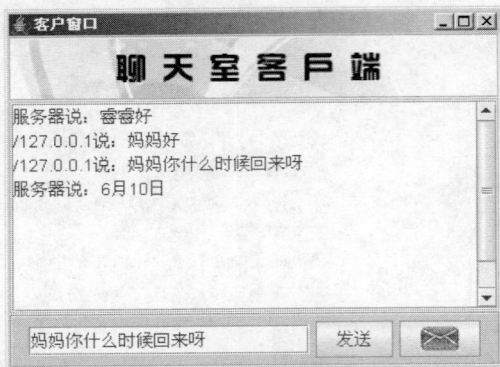

图 6-7　聊天室客户端运行效果图

6.4 项目小结

6.4.1　技能回顾

本章我们学习了 Java 网络编程的基础知识、网络编程的特点和方法，了解了网络编程的模型，学会了使用 Socket 进行网络编程，并实现了聊天室客户端和服务器端的通信功能。本章主要内容如下。

① 了解 Java 网络编程模型。

② 使用 InetAddress 类获取网络域名和 IP 地址。

③ 使用 URL 类获得网络数据信息。

④ 使用 Socket 套接字实现网络通信。

⑤ 基于 GUI 的网络通信编程。

6.4.2　知识拓展

1．什么是 UDP

UDP 的全称是用户数据报协议，在网络中它与 TCP 一样用于处理数据包。它在 OSI 模型的第 4 层——传输层，处于 IP 的上一层。UDP 具有不提供数据报分组、组装和不能对数据包进行排序的缺点。也就是说，当报文发送之后是无法得知其是否安全完整到达的。

2．为什么要使用 UDP

在使用协议的时候，选择 UDP 必须要谨慎。在网络质量不十分令人满意的环境下，UDP 数据包丢失会比较严重。但是由于 UDP 的特性——它不属于连接型协议，因而具有资源消耗小、处理速度快的优点，所以通常音频、视频和普通数据在传送时使用 UDP 较多，它们即使偶尔丢失一两个数据包，也不会对接收结果产生太大影响。比如我们聊天用的 ICQ 和 OICQ 使用的就是 UDP。

3．在 Java 中操纵 UDP

使用位于 JDK 中 Java.net 包下的 DatagramSocket 和 DatagramPacket 类，可以非常方便地控制用户数据报文。

（1）DatagramSocket 类

DatagramSocket 类用于创建接收和发送 UDP 的 Socket 实例。

DatagramSocket 类有 3 个构造方法。

① DatagramSocket()：创建实例。这是个比较特殊的用法，通常用于客户端编程，它并没有特定监听的端口，仅仅使用一个临时的端口。

② DatagramSocket（int port）：创建实例，并固定监听 Port 端口的报文。

③ DatagramSocket（int port，InetAddress localAddr）：这是个非常有用的构建方法，当一台机器拥有多于一个 IP 地址的时候，由它创建的实例仅仅接收来自 LocalAddr 的报文。

值得注意的是，在创建 DatagramSocket 类实例时，如果端口已经被使用，会产生一个 SocketException 的异常抛出，并导致程序非法终止，这个异常应该注意捕获。

DatagramSocket 类最常用的 4 个方法如下。

① Receive（DatagramPacket d）：接收数据报文到 d 中。Receive 方法产生一个阻塞。

② Send（DatagramPacket d）：发送报文 d 到目的地。

③ SetSoTimeout（int timeout）：设置超时时间，单位为 ms。

④ Close()：关闭 DatagramSocket。在应用程序退出的时候，通常会主动释放资源，关闭 Socket。但是如果异常退出可能造成资源无法回收，所以应该在程序完成时，主动使用此方法关闭 Socket 或在捕获到异常抛出后关闭 Socket。

（2）DatagramPacket 类

DatagramPacket 类用于处理报文，它将字节（Byte）数组、目标地址、目标端口等数据包装成报文或者将报文拆卸成字节数组。应用程序在产生数据包时应该注意，TCP/IP 规定数据报文最多包含 65507 字节，通常主机接收 548 字节，但大多数平台能够支持 8192 字节大小的报文。

DatagramPacket 类的 5 个构造方法如下。

① DatagramPacket（byte[] buf，int length，InetAddress addr，int port）：从 Buf 数组中取出 Length 长的数据创建数据包对象，目标是 Addr 地址、Port 端口。

② DatagramPacket（byte[] buf，int offset，int length，InetAddress address，int port）：从 Buf 数组中取出从 Offset 开始的、Length 长的数据创建数据包对象，目标是 Addr 地址、Port 端口。

③ DatagramPacket（byte[] buf，int offset，int length）：将数据包中从 Offset 开始、Length 长的数据装进 Buf 数组。

④ DatagramPacket（byte[] buf，int length）：将数据包中 Length 长的数据装进 Buf 数组。

⑤ DatagramPacket 类最重要的方法是 getData()，它从实例中取得报文的字节数组编码。

4．简单 UDP 编程实例

接收数据的服务器端代码如下。

```
byte[] buf = new byte[1000];
  DatagramSocket ds = new DatagramSocket(12345); //开始监视12345端口
  //创建接收数据报的实例
DatagramPacket ip = new DatagramPacket(buf, buf.length);
while (true)
   {
       ds.receive(ip); //阻塞，直到收到数据报后将数据装入IP中
      System.out.println(new String(buf));
      }
```

发送数据的客户端代码如下。

```
//得到目标机器的地址实例
InetAddress target = InetAddress.getByName("www.xxx.com");
//从9999端口发送数据报
DatagramSocket ds = new DatagramSocket(9999);
String hello ="Hello, I am come in! "; //要发送的数据
byte[] buf = hello.getBytes();//将数据转换成字节类型
//将BUF缓冲区中的数据打包
op = new DatagramPacket(buf, buf.length, target, 12345);
ds.send(op); //发送数据
ds.close();//关闭连接
```

6.5 | 实战练习

1. 选择题

（1）下面论述错误的是_____。

    A. IP 地址是唯一的　　　　　　　　　　B. 一个域名对应一个 IP 地址

    C. 一个域名对应多个 IP 地址　　　　　　D. 一个 IP 地址对应多个域名

（2）下面错误的 URL 表示形式是_____。

    A. http://202.120.144.2

    B. http://22.dhu.edu.cn/xxcol/index.htm

    C. http://www.dhu.edu.cn/bmxx:100/bumenxx.htm

    D. http://www.dhu.edu.cn:100/bmxx/bumenxx.htm

（3）0～1023 的端口数是给一些知名的网路服务和应用使用的。其中用于 HTTP 服务的端口数是_____。

    A. 21　　　　　　　　　B. 23　　　　　　　　　C. 30　　　　　　　　　D. 80

（4）有关 TCP 的错误论述是_____。

    A. 利用 TCP 进行通信时，源计算机和目标计算机会建立一个虚连接

    B. TCP 是无连接通信协议

    C. TCP 是面向连接的通信协议

    D. TCP 提供两台计算机之间的可靠、无差错的数据传输

（5）关于 TCP 和 UDP 的正确论述是_____。

A. TCP 是无连接通信协议，UDP 是面向连接的通信协议

B. TCP 能够向若干个目标发送数据，UDP 在源计算机和目标计算机之间建立虚拟连接

C. UDP 提供无差错的数据传输，TCP 不保证可靠的数据传输

D. UDP 是无连接通信协议，TCP 是面向连接的通信协议

（6）下面是套接字通信基本步骤所用到的语句，错误的是_____。

A. Socket questsocket=new Socket（"http://www.dhu.edu.cn",10000)

B. ServerSocket serversocket=new ServerSocket（10000,3）

C. Socket socket=serversocket.accept（10000）

D. socket.close()

（7）不是 Java 的安全特性的是_____。

A. 数组边界检查　　　　　　　　　　B. 无指针的运算

C. 缓存溢出　　　　　　　　　　　　D. 类和方法以 final 声明

2．编程题

模仿聊天室项目的客户端，编写一个客户端程序，GUI 自己设计。用 Socket 网络套接字实现网络连接通信。程序完成后可以与聊天室项目的服务器端程序进行连接通信测试。

第7章 聊天室的文件传输功能

本章简介

第 6 章我们学习了网络编程的知识，实现了聊天室的客户端和服务器端的聊天功能。本章我们将学习文件的编程知识，重点讲解程序中输入流和输出流的操作，运用文件编程技术实现聊天室的文件传输功能和聊天信息保存功能。

7.1 项目任务与目标——利用文件操作实现聊天室的文件传输功能

工作任务

1. 实现文件传输功能
2. 实现聊天信息保存功能

技能目标

1. 理解输入和输出流
2. 文本文件的读写
3. 二进制文件的读写

本章术语

- FileReader 类和 FileWriter 类——字符文件输入、输出流
- BufferedReader 类和 BufferedWriter 类——缓冲区的输入、输出流
- FileInputStream 类——文件输入流
- FileOutputStream 类——文件输出流
- RandomAccessFile 类——文件随机读写类

7.2 技能训练

7.2.1　从 MP3 文件中读出 TAG 信息

训练任务

每个 MP3 文件的最后 128 字节，都是有关这个 MP3 文件的 TAG 信息，其中包括歌曲名称、专辑标题以及其他记忆音轨长度的标识符、音轨数量和其他属性。这个实例的功能就是要读出 MP3 文件中的 TAG 信息，并把它显示出来。

技能要点

① 掌握标准输入、输出流的使用。
② 学会字节输入、输出流相关类及其方法的使用。
③ 熟练使用字节流文件输入、输出类及相关方法。

任务分析

在这个实例中，首先要使用标准输入流，输入 MP3 文件的文件名。然后使用前面介绍的字节文件输入流类，构造文件输入流的对象，并使用这个对象打开相应的文件，找到相应的位置（最后 128 字节），在文件中输入相应的数据，最后关闭文件。

1．标准输入、输出流

标准输入、输出是指在命令行方式下的输入、输出方式。Java 中的 System 类实现了标准输入、输出功能。用键盘输入数据是标准输入（stdin），以屏幕为对象的输出是标准输出（stdout），还有以屏幕为对象的标准错误输出（stderr）。在 System 类中，3 个成员变量实现了标准输入、输出功能，它们是静态的公有变量：in，out 和 err。也就是说，不需要构造 System 对象，就可以直接引用它们进行标准输入、输出和标准错误输出。

（1）System.in

in 是字节输入流 InputStream 的对象，其中有 read 方法从键盘读入数据。

```
public int read( ) throws IOException
public int read(byte[] b) throws IOException
```

（2）System.out

out 是流 PrintStream 的对象，其中有 print 和 println 方法向屏幕输出数据。

```
public void print（输出参数）
public void println（输出参数）
```

2．文件类

在 Java 中，文件由 File 类表示，它也是 java.io 包的一部分。类 File 提供了对文件的操作。

（1）类 File 的构造函数

```
public File(String pathname)
public File(File parent,String child)
public File(String parent,String child)
```

其中：**child** 是文件名，**parent** 是文件所在的路径名，**pathname** 是路径名。路径名可以是字符串，也可以是 **File** 的对象。

（2）访问文件对象的方法

```
public String getName( )          //返回文件（对象）名，不含路径信息
public String getPath( )          //返回相对路径名和文件名
public String getAbsolutePath     //返回绝对路径和文件名
public String getParent( )        //返回文件所在的路径名
public File getParentFile( )      //返回文件所在的路径对象
```

（3）获得文件的属性

```
public long length( )             //返回文件的长度
public Boolean exists( )          //判断文件是否存在
public long lastModified( )       //返回文件的最后修改时间
```

（4）文件操作

```
public Boolean renameTo(File dest)  //文件重命名
public Boolean delete( )            //删除文件或空目录
```

（5）目录操作

```
public Boolean mkdir( )           //创建目录
public String[] list( )           //列出目录中所有的文件和子目录名
public File[] listFiles( )        //列出目录中所有的文件和子目录对象
```

3. 字节文件处理类

FileInputStream 和 FileOutputStream 实现了对文件的顺序访问，以字节为单位对文件进行读写操作，主要有如下几步。

① 创建文件输入、输出流的对象。

② 打开文件。

③ 用文件读写方法读写数据。

④ 关闭数据流。

（1）FileInputStream 类

FileInputStream（文件输入流）类用来得到文件的输入字节流。它的大部分方法继承于 InputStream 类。它的构造方法如下。

```
FileInputStream(File file)
```

通过打开一个到实际文件的链接，创建一个文件输入流，参数 **file** 是一个文件对象。

```
FileInputStream(String name)
```

通过打开一个到实际文件的链接，创建文件输入流，参数 **name** 为文件的实际路径。

（2）FileOutputStream 类

FileOutputStream（文件输出流）类是将数据写入 File 或 FileDescriptor 对象的输出流。它的方法大都是从 OutStream 继承来的，其构造方法如下。

FileOutputStream(File file)

创建输出流写到特定的 **file** 对象。

FileOutputStream(File file, boolean append)

以追加的方式写入 **file** 对象。

FileOutputStream(FileDescriptor fdObj)

创建输出文件流到 **fdObj** 对象，代表一个到实际文件的链接。

FileOutputStream(String name)

创建输出流，写到指定的 **name** 文件。

FileOutputStream(String name, boolean append)

是否以追加的方式写到指定的 **name** 文件。

（3）常用的方法

① 用 **read** 方法读取文件的数据。

public int read( ) throws IOException

返回从文件中读取的 1 字节。

public int read(byte[] b) throws IOException

public int read(byte[] b,int off,int len) throws IOException

从文件中读取若干字节到字节数组 b 中。其中 **off** 是 b 中的起始位置，**len** 是读取的最大长度。这两个方法返回读取的字节数。如果 b 的长度为 0，则返回 0。

② 用 **write** 方法将数据写入文件。

public void write(int b) throws IOException

向文件写入 1 字节，b 是 **int** 类型，所以将 b 的低 8 位写入。

public void write(byte[] b) throws IOException

public void write(byte[] b,int off,int len) throws IOException

将字节数组写入文件，其中 **off** 是 b 中的起始位置，**len** 是写入的最大长度。

③ 字节文件流的关闭。

当读写操作完毕时，要关闭输入或输出流，释放相关的系统资源。如果发生输入、输出错误，抛出 **IOException** 异常。关闭数据流的方法是：

public void close( ) throws IOException

训练任务中使用到的类如下。

① File：文件类，其中包括所有文件的操作。

② FileInputStream：字节流输入类，从打开的文件中以字节的方式读入数据。

训练任务中用到的主要方法如表 7-1 所示。

表 7-1 训练任务中用到的主要方法

方 法 定 义	功　　能	参　　数
public int read(byte[ ] b) throws IOException	标准输入流，从键盘中读入数据	b 是一个字节数组，以字节的方式存放输入的内容
public long length( )	File 文件类的方法，功能是返回文件的长度	无参
public long skip(long n) throws IOException	字节文件输入流类的方法，功能是从输入流中跳过并丢弃 n 个字节的数据	n 是一个长整型变量，表示需要跳过的字节数

续表

方 法 定 义	功　　能	参　　数
public int read(byte[ ] b)throws IOException	FileInputStream 字节文件输入流类中的方法，其功能是从文件中以字节为单位读入数据	b 是一个字节数组，以字节的方式存放输入的内容
public void close( ) throws IOException	FileInputStream 字节文件输入流类中的方法，其功能是关闭已经打开的字节文件输入流以及相关资源	无参

程序实现

在程序中完成了下面的内容。

① 使用标准输入流方法，输入一个 MP3 文件名，放入字节数组 b 中。

② 将字节数组转化为一个字符串，放入 mp3FileName 字符串对象中。

③ 使用生成的文件名字符串 mp3FileName，构造 File 类的对象 song。

④ 使用文件类对象 song，构造 FileInputStream 类的对象 file。

⑤ 使用文件类对象 song，调用文件的方法 length()计算文件长度。

⑥ 使用 FileInputStream 类的对象 file，调用字节输入流类的方法 skip，跳过除最后 128 字节以外的其他内容。

⑦ 使用 FileInputStream 类的对象 file，调用字节输入流类的方法 read()读入最后的 128 字节，放入字节数组 last128 中。

⑧ 取出 last128 字符串中的前 3 字节，检查是不是 TAG 字符串。

⑨ 如果是，将后面的内容输出；如果不是，则输入这个文件没有 TAG 信息。

源程序代码如下。

```java
public class MP3TAG {
    public static void main(String[] args) throws IOException {
        byte b[]=new byte[200];
        System.out.println("请输入 MP3 文件名: ");
        try{
            System.in.read(b);
            String mp3FileName=new String(b);
            mp3FileName="G:\\Java\\music\\"+mp3FileName.trim()+".mp3";
            File song=new File(mp3FileName);
            FileInputStream file=new FileInputStream(song);
            int size=(int) song.length();
            file.skip(size-128);
            byte last128[]=new byte[128];
            file.read(last128);
            String id3=new String(last128);
            String tag=id3.substring(0,3);
            if(tag.equals("TAG")){
                System.out.println("歌名:"+id3.substring(3,27).trim());
                System.out.println("歌手:"+id3.substring(27,55).trim());
                System.out.println("专辑:"+id3.substring(55,85).trim());
                System.out.println("年代:"+id3.substring(85,97).trim());
```

```
            System.out.println("");
        }
        else{
            System.out.println(mp3FileName+"文件中没有 TAG");
        }
        file.close();
    }
    catch(IOException IOe){
        System.out.println(IOe.toString());
    }
}
}
```

程序运行结果如下（下画线处为用户输入部分）。

请输入 MP3 文件名:
<u>你又不是我</u>
歌名:你又不是我
歌手:Y.I.Y.O
专辑:大风吹
年代:2002

7.2.2 游戏排行榜的显示

训练任务

在游戏中，经常有游戏排行榜，用于记录高水平玩家的成绩。这些内容保存在一个文件中，可以在游戏中显示出来。下面这个实例要做的就是把游戏排行榜中的内容显示到屏幕上，让玩家查看。

技能要点

① 学习字符输入、输出流相关类及其方法的使用。
② 学习使用缓冲输入、输出流类，提高程序的运行效率。
③ 熟练使用字符流文件输入、输出类及缓冲流输入、输出类的相关方法。

任务分析

在这个实例中，要求把游戏排行榜文件中的名次、人物姓名和成绩显示在游戏排行榜窗口中。为了实现这个功能，首先要建立一个应用程序的顶层容器，如 JFrame，并在其内容窗格中设置布局管理器。一般情况下，游戏排行榜中只显示出前几名的成绩，所以在这个实例中，设置最多显示前10 名的成绩。因此，在窗口中所使用的布局管理器是网格布局管理器（GridLayout），然后，利用字符文件输入流类 FileReader，打开文件，读入文件中的数据。为了提高效率，还可以使用输入缓冲流类 BufferedReader，最后，在窗口中将读入的文件内容显示出来。

1. 字符输入、输出流

（1）Reader 和 Writer 类
Reader 和 Writer 类是面向字符输入、输出流的超类，在这两个类中有许多以字符为单位的输入、输出方法。

（2）字符文件流 FileReader 和 FileWriter 类

FileReader 和 FileWriter 类用于字符文件的输入和输出。

① 先创建对象打开文件。

② 然后用读写方法从文件中读取数据或将数据写入文件。

③ 最后关闭数据流。

（3）创建字符流文件对象，打开文件

创建 FileReader 或 Filewriter 对象，打开要读写的文件。FileReader 和 FileWriter 的构造方法如下。

① FileReader 的构造方法是：

```
public FileReader(String filename)
public FileReader(File file)
```

② FileWriter 的构造方法是：

```
public FlieWriter(String filename)
public FileWriter(File file)
```

其中：filename 是要打开的文件名，file 是文件类。

（4）字符文件流的读写

用从超类继承的 **read** 和 **write** 方法可以对打开的文件进行读写。

① 读取文件数据的方法是：

```
int read( ) throws IOException
```

返回读取的一个字符（用整型表示）。

```
int read(char b[ ]) throws IOException
int read(char b[ ],int off,int len) throws IOException
```

读取文件中的数据到数组中，其中 **off** 为在 **b** 中的起始位置，**len** 为要读入的字符数。这两个方法返回实际读入的字符个数。

② 数据写入到文件的方法是：

```
void write(char b) throws IOException
void write(char b[ ]) throws IOException
void write(char b[ ],int off,int len) throws IOException
```

（5）字符文件流的关闭

对文件操作完毕要用 **close** 方法关闭数据流。

```
public void close( ) throws IOException
```

2. 字符缓冲流 BufferedReader 和 BufferedWriter

BufferedReader 和 BufferedWriter 类以缓冲区方式对数据进行输入、输出。

（1）BufferedReader 类

BufferedReader 类用于字符缓冲输入，其构造方法如下。

```
public BufferedReader(Reader in)
public BufferedReader(Reader in,int sz)
```

其中：in 为超类 Reader 的对象，sz 为用户设定的缓冲区大小。

（2）BufferedWriter 类

BufferedWriter 类用于字符缓冲流的输出，其构造方法如下。

```
public BufferedWriter(Writer out)
public BufferedWriter(Writer out,int sz)
```

其中：**out** 为超类 **Writer** 的对象，**sz** 为用户设定的缓冲区大小。

在这个实例中，用到了以下几个类。

① **FileReader**：字符文件输入流类，其功能是打开文件，以字符的方式从文件中读入数据。

② **BufferedReader**：字符缓冲输入流类，其功能是建立缓冲区，以提高从文件中读入字符的效率。

在这个实例中用到的方法如表 7-2 所示。

表 7-2　　　　　　　　　　　　　　　训练任务中用到的主要方法

方 法 定 义	功　　能	参　　数
public String readLine( ) throws IOException	BufferedReader 字符缓冲输入流类中的方法，其功能是从已经打开的文件中，以字符的方式读取一个文本行。遇到换行 ('\n')、回车 ('\r') 或回车后直接跟着换行，则结束读入	无参
public void close( ) throws IOException	关闭已经打开的字符文件输入流以及相关资源	无参

程序实现

下面列出了实现这一实例的源程序，在源程序中，构造方法完成了界面的设置。这部分内容，读者可以参考第 5 章图形用户界面（GUI）的内容，这里不再详述。

在 readFile 方法中，完成了从文件中以字符的方式读入数据，并将结果返回给调用方法。

完成的步骤如下。

① 构造 FileReader 类的对象 rf，其参数是以字符串形式给出的需要打开的文件的绝对路径，并打开文件。

② 构造 BufferedReader 类的对象 brf，其参数是上面构造的对象 rf。

③ 利用 BufferedReader 类的 readLine( )方法，从文件中读入一行文本，并存入字符串数组 s 中。

④ 如果没有到文件尾，即 readLine( )读入的内容不为空（null），则继续读入，直到文件结束。

⑤ 关闭文件。

⑥ 将读入的内容，即 s 字符串数组返回调用程序。

程序源代码如下。

```java
import java.awt.*;
import java.io. *;
import javax.swing. *;
public class Heroes extends JFrame{
    String ss[];
    JLabel l[][]=new JLabel[10][3];
    public Heroes(){
        super("游戏排行榜");
        Container p=this.getContentPane();
        p.setLayout(new GridLayout(11,1));
        p.add(new JLabel("名次"));
```

```
            p.add(new JLabel("姓名"));
            p.add(new JLabel("成绩"));
            ss=this.readFile();
            for(int i=0;i<10;i++){
                if(ss[i]!=null){
                    l[i][0]=new JLabel(ss[i].substring(0,2).trim());
                    p.add(l[i][0]);
                    l[i][1]=new JLabel(ss[i].substring(2,10).trim());
                    p.add(l[i][1]);
                    l[i][2]=new JLabel(ss[i].substring(10).trim());
                    p.add(l[i][2]);
                }
                else{
                    p.add(new JPanel());
                    p.add(new JPanel());
                    p.add(new JPanel());}
            }
        setDefaultCloseOperation(JFrame.EXIT_ON_CLOSE);
        setSize(300,200);
        setVisible(true);
        setContentPane(p);
    }
    public String[] readFile(){
        String s[]=new String[10];
        try{
            FileReader rf=new FileReader("d:\\datafile\\file1.txt");
            BufferedReader brf=new BufferedReader(rf);
            String rs;
            int i=0;
            while((rs=brf.readLine())!=null){
                s[i]=new String(rs);
                i++;
            }
            brf.close();
        }
        catch(IOException e){
            System.out.println(e);
        }
        return s;
    }
    public static void main(String[] args) {
        Heroes h=new Heroes();
    }
}
```

程序运行结果如图 7-1 所示。

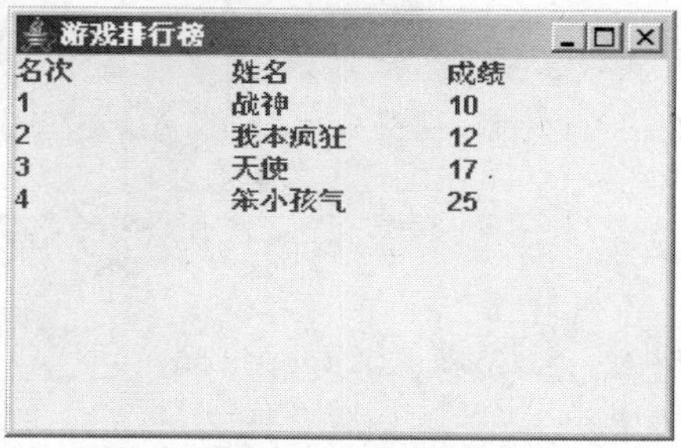

图 7-1　程序运行结果图

7.2.3　有序随机数的文件存储

训练任务

在前面的实例中，所有对文件的读写都是顺序读写的方式，并且一个流只能完成一个功能，或者是读或者是写，不能读写同时进行。在下面的实例中，需要对 10 个随机产生的数据按照由小到大的顺序保存到文件中，这就需要对文件同时进行读和写操作。在输入、输出流中 RandomAccessFile 类可以完成这样的功能。

技能要点

① 学习使用 RandomAccessFile 类对文件进行随机读写。
② 了解在随机读写文件时需要注意的问题及解决方法。

任务分析

在这个实例中，首先利用随机数方法，产生一个 0～99 的随机数，然后将这个数与文件中已经存在的数据进行比较，找到相应的位置，再将这个数插入到文件中已经排好顺序的数列中。这个方法循环 10 次，就可以完成把 10 个随机数按顺序存入文件中的功能了。这个算法叫插入排序。由于在这个算法中，既要从文件中读出数据，进行比较，又要将已经找到位置的数据存入文件中，还要进行文件的插入，用其他的输入、输出流类无法完成这样的功能，所以选择 RandomAccessFile 类来完成这个功能。

下面先介绍一下文件的随机读写类。

（1）RandomAccessFile 类

在文件的任意位置读或写数据，而且可以同时进行读和写的操作。这就是 RandomAccessFile 类提供的对文件随机访问方式。

（2）RandomAccessFile 的构造方法

```
public RandomAccessFile(File file,String mode)
              throws FileNotfoundException
public RandomAccessFile(String name,String mode)
              throws FileNotfoundException
```

其中：file 和 name 是文件对象和文件名字符串，mode 是对访问方式的设定（r 表示读，w 表示写，rw 表示读写)。

（3）RandomAccessFile 的方法

```
public long length( ) throws IOException
```
返回文件的长度。

```
public void seek(long pos) throws IOException
```
改变文件指针的位置。

```
public final int readInt( ) throws IOException
```
读一个整型数据。

```
public final void writeInt(int v) throws IOException
```
写入一个整型数据。

```
public long getFilePointer( ) throws IOException
```
返回文件指针的位置。

```
public void close( ) throws IOException
```
关闭文件。

程序实现

这个源程序比较长，我们分几个部分进行解释。

首先解释一下插入排序。插入排序的基本思想如下。

① 产生一个 0 ~ 99 的随机数，放入整型变量 d 中。

② 如果 d 比文件中最后一个数还要大，则将 d 插入到文件尾。

③ 否则，利用 RandomAccessFile 类的 readInt( ) 方法，从文件中读出一个整数与 d 比较。

④ 如果 d 比读出的数大，利用 RandomAccessFile 类的 seek( ) 方法移动文件指针，找到下一个数。

⑤ 重复②、③直到找到一个比 d 小的数，这个数的位置就是 d 的位置。

⑥ 将从这个数开始的后面的所有数向后移动一个位置，留出 d 的插入位置。

⑦ 将 d 插入到这个位置中。

以上功能的程序实现代码如下。

```
if(d>rwf.readInt()){
  rwf.seek((i-1) *4);
  rwf.writeInt(d);
  }
  else{
      for(j=1;j<=i-1;j++){
         rwf.seek((j-1) *4);
         if(d<rwf.readInt())break;
      }
      for(k=i-1;k>=j;k--){
         rwf.seek((k-1) *4);
         t=rwf.readInt();
            rwf.seek(k*4);
            rwf.writeInt(t);
         }
         rwf.seek((j-1) *4);
```

```
        rwf.writeInt(d);
    }
}
```

用以上方式完成了一个数的插入，而任务中要求有 10 个数，所以重复以上的内容 10 次，用循环完成，就可以实现所有功能了。这里要注意：由于当产生第 1 个随机数时，文件内没有数据可以与之比较，所以需要判断如果是第 1 个数，不需要比较，直接写入文件。插入完一个数以后，将文件指针移到文件中最后一个数的位置。

完成以上功能的程序如下。

```
for(i=1;i<=10;i++){
d=(int)(Math.random()*100);
if(i==1)
  rwf.writeInt(d);
else{
    ⋮
  }
rwf.seek((i-1) *4);}
}
```

程序的另一个方法，实现了从随机读写文件中读取数据并显示。由于整型数据占 4 字节，所以每读取一个数据，文件指针就向后移动 4 字节，再读取下一个数据，以此类推，完成所有数据的读取。程序实现代码如下。

```
public void showdata(RandomAccessFile rwf){
    int i=0,d=0;
    try{
      rwf.seek(i*4);
      while(true){
          d=rwf.readInt();
          System.out.print(d+"\t");
          i++;
          rwf.seek(i*4);
      }
    }
    catch(EOFException e){}
    catch(IOException e){}
  }
```

最后，看一下主（main）方法。在主方法中，首先利用 RandomAccessFile 构造方法构造一个该类的对象 rwf，注意这时用的参数。

```
RandomAccessFile rwf=new RandomAccessFile("d:\\datafile\\file3.dat","rw");
```

其中：rw 表示对文件的操作是读写。

然后利用当前类的对象调用两个方法，完成插入排序。最后关闭文件。

完整的源程序代码如下。

```
import java.io. *;
public class RandomAcc{
  private int d;
  public void creat(RandomAccessFile rwf){
```

```
    int i,j,k,t;
    try{
        rwf.seek(0);
        for(i=1;i<=10;i++){
          d=(int)(Math.random()*100);
          if(i==1)
             rwf.writeInt(d);
          else{
             if(d>rwf.readInt()){
                rwf.seek((i-1) *4);
                rwf.writeInt(d);
              }
              else{
                for(j=1;j<=i-1;j++){
                   rwf.seek((j-1) *4);
                   if(d<rwf.readInt())break;
                }
                for(k=i-1;k>=j;k--){
                   rwf.seek((k-1)*4);
                   t=rwf.readInt();
                   rwf.seek(k*4);
                   rwf.writeInt(t);
                }
                rwf.seek((j-1)*4);
                rwf.writeInt(d);
             }
          }
          rwf.seek((i-1)*4);}
    }
    catch(EOFException e){}
    catch(IOException e){}
}
 public void showdata(RandomAccessFile rwf){
    int i=0,d=0;
    try{
        rwf.seek(i*4);
        while(true){
           d=rwf.readInt();
           System.out.print(d+"\t");
           i++;
           rwf.seek(i*4);
        }
    }
    catch(EOFException e){}
    catch(IOException e){}
 }
```

```
public static void main(String []args){
    try{
        RandomAcc ra=new RandomAcc();
        RandomAccessFile rwf=new RandomAccessFile
("d:\\datafile\\file3.dat","rw");
        ra.creat(rwf);
        ra.showdata(rwf);
        rwf.close();
    }
    catch(FileNotFoundException e){
        System.out.println(e);
    }
    catch(IOException e){
        System.out.println(e);
    }
}
}
```

程序运行后，执行结果如下。

11 12 39 48 57 65 70 81 84 94

7.3 │ 项目学做

7.3.1 实现文件传输功能

需求分析

为我们的聊天室添加一个文件传输功能。在客户端界面上，当用户单击 ✉ 按钮时，系统弹出【打开】对话框，提示选择要传输的文件。单击【确定】按钮后，所发送的文件将以广播方式发给每一个在线的客户，客户可以选择接收或拒绝。

文件传输功能是网络即时通信程序的一个主要功能，一般具有点对点和广播两种方式。这两种方式对文件的操作是相同的，只是网络通信方法不同。为了提高针对性和简化程序，我们采用广播方式实现文件传输功能。

解决方案

1. 文件操作

使用 JFileChooser 组件实现文件的打开和保存功能。
使用 FileOutputStream 类和 FileInputStream 类的输出、输入流对象来处理接收和发送的信息。

2. 服务器如何识别接收到的信息类型

在聊天室中，无论是普通消息还是文件都是由服务器接收后转发实现通信的。服务器如何识别接收到的信息是文件还是普通消息呢?

我们封装两个实体类: 文件信息类 FileMessage 和普通信息类 TalkMessage。当服务器接收到客户端信息后,判断信息类型,若是文件对象则向所有在线客户转发文件;若是普通信息对象,则向所有在线客户转发信息。

∴ 关键步骤与代码

1. 编写文件信息类 FileMessage

```
package model;
import java.io.Serializable;
public class FileMessage implements Serializable {
    private String fileName; //文件名
    private int status;   //传输状态 0:请求  1:同意请求  2:不同意请求  3:传输文件  4:发
送完毕
    private byte b[];  //传输数据
    public FileMessage(String fileName , int status,byte b[] ) {
        this.fileName=fileName;
        this.status=status;
        this.b= b;
    }
    public String getFileName() {
            return fileName;
        }
        public void setFileName(String fileName) {
            this.fileName = fileName;
        }
        public int getStatus() {
            return status;
        }
        public void setStatus(int status) {
            this.status = status;
        }
        public byte [] getB() {
            return  b;
        }
        public void setB(byte [] b) {
            this.b = b;
        }
}
```

2. 编写普通信息类 TalkMessage

```
package model;
import java.io.Serializable;
public class implements Serializable {
    String message;
```

```
public String getMessage(){
    return message;
}
public void setMessage(){
    this.message =message;
}
public TalkMessage(String message){
    super();
    this.message =message;
}
}
```

3. 在客户端程序 client.java 中添加 ✉ 按钮的事件过程

```
private void processFile() {
    if (socket != null) {
        //构造文件选择器
        JFileChooser ch = new JFileChooser();
        //设置选择模式为:只能选择文件
        ch.setFileSelectionMode(JFileChooser.FILES_ONLY);
        //得到选择结果
        int result = ch.showOpenDialog(null);
        String fileName;
        //判断是否选择了某个文件
        if (result == JFileChooser.FILES_ONLY) {
            //得到所选择的文件的路径
            path = ch.getSelectedFile().getPath();
            fileName = ch.getSelectedFile().getName();
            try {
         os.writeObject(new FileMessage(fileName, 0, null)); //发送文件请求
            } catch (IOException ex) {
                ex.printStackTrace();
            }
            jTextArea1.append("正在请求发送文件...等待对方回应");
        }
    }
}
```

4. 修改客户端程序 client.java 中的 readMessage( )方法

```
void readMessage() {
        try {
        //利用对象输入流从服务器读取对象流,并强制转化为 String
            Object ob = is.readObject();
            if(ob instanceof TalkMessage)
            {
              String s = ((TalkMessage) ob).getMessage().toString();
        //显示消息
```

```java
            jTextArea1.append(socket.getInetAddress().toString() + "说: " + s.toString() +
                            "\n");
            }else if (ob instanceof FileMessage) {
                FileMessage fileMessage = (FileMessage) ob;
                //如果是发送文件请求
                if (fileMessage.getStatus() == 0) {
                    //弹出对话框，判断是否同意接收
                    JOptionPane dlgMessage = new JOptionPane();
        String message = socket.getInetAddress().toString() +
                "向你发送" + fileMessage.getFileName() + " 是否同意接收? ";
        int res = dlgMessage.showConfirmDialog(null, message,
    "发送文件请求", JOptionPane.YES_NO_OPTION,
    JOptionPane.INFORMATION_MESSAGE);
                if (res == 0) {
                JFileChooser jFileChooser = new JFileChooser();
                jFileChooser.setSelectedFile(new File(fileMessage.getFileName()));
                int result = jFileChooser.showSaveDialog(this);
                if (result == jFileChooser.APPROVE_OPTION) {
                savePath = jFileChooser.getSelectedFile().
                getAbsoluteFile().getAbsolutePath(); //获取文件保存路径
                        jTextArea1.append("正在接收文件...\n");
        //同意请求,将同意状态发送给服务器
        //传输状态 0:请求  1:同意请求  2:不同意请求  3:传输文件  4:发送完毕
                        fileMessage.setStatus(1);
                        os.writeObject(fileMessage);
                    }
                } else {
        //不同意请求,将不同意状态发送给服务器
                    fileMessage.setStatus(2);
                    os.writeObject(fileMessage);
                }
            } else if (fileMessage.getStatus() == 1) { //同意接收文件
        jTextArea1.append("对方同意接收您发送的文件...正在发送...\n");
                //发送文件
                byte[] b = new byte[1024];
                //构造文件对象
                File file = new File(path);
                try {
                    FileInputStream inFile = new FileInputStream(file);
                    DataInputStreaminData=new DataInputStream(inFile);
                    int length = 0;
                    while ((length = inData.read(b)) != -1) {
                        fileMessage.setB(b);
                        fileMessage.setStatus(3);
                        os.writeObject(fileMessage);
                    }
```

```
                         jTextArea1.append("发送完成.\n");
                         fileMessage.setB(null);
                         fileMessage.setStatus(4);  //发送完成状态
                         os.writeObject(fileMessage);
                  } catch (Exception ex) {
                     ex.printStackTrace();
                  }
               }
               else if (fileMessage.getStatus() == 2) { //不同意接收文件
                  jTextArea1.append("对方拒绝了您发送的文件...\n");
               }
               else if (fileMessage.getStatus() == 3) { //接收文件
                     byte[] b = fileMessage.getB();
               FileOutputStream outFile = new FileOutputStream(savePath, true);
               DataOutputStream outData = new DataOutputStream(outFile);
                     outData.write(b);
                     outData.flush();
                     outFile.close();
               }
               else if (fileMessage.getStatus() == 4)
               {
                     jTextArea1.append("文件接收完毕 \n");
               }
            }
      } catch (IOException e) {
         e.printStackTrace();
      } catch (ClassNotFoundException e) {
         e.printStackTrace();
      }
   }
```

5. 新建一个线程类 ServerThread（关于线程的使用在第 8 章详述）

```
package chat;
import java.net.*;
import java.io. *;
import model.TalkMessage;
import model.FileMessage;
public class ServerThread extends Thread {
   private Server server;
   private Socket socket;
   public ServerThread(Server server, Socket socket) {
      this.server = server;
      this.socket = socket;
      //启动线程
      start();
   }
   public void run() {
       try {
```

```
                    //利用得到的socket，生成与对应客户连接的对象输入流
                    ObjectInputStream is = new
                                  ObjectInputStream(socket.getInputStream());
                    while (true) {
                        Object ob = is.readObject();//读取客户端发来的消息
                        if(ob instanceof TalkMessage)
                        {
                            server.sendToAll(ob); //把收到的消息转发给所有客户
                        }
                        else if(ob instanceof FileMessage )
                        {
                            FileMessage fileMessage=(FileMessage)ob;
                        //如果发送的是文件请求
                        //发送所有请求给客户端
                            server.sendToAll(ob);
                        }
                    }
                } catch (EOFException ie) {
                  ie.printStackTrace();
                } catch (IOException ie) {
                  ie.printStackTrace();
                } catch (ClassNotFoundException e) {
                  e.printStackTrace();
                } finally {
                  server.removeConnection(socket);
                }
            }
        }
```

6．在 Server.java 的 Listen( )方法中最后添加如下代码

```
//为新的客户创建新的线程，在新的线程中处理与客户的通信
new ServerThread(this, socket);
```

运行结果

修改后，重新运行聊天室程序。

① 启动服务器，登录一个客户端，单击文件传输按钮，完成文件发送和接收过程，如图 7-2 所示。

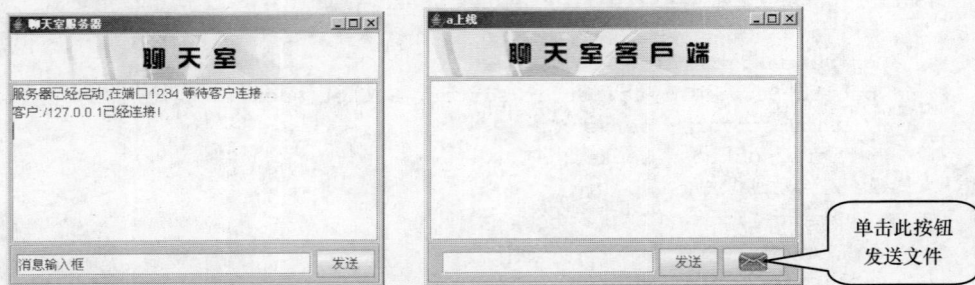

图 7-2　聊天室服务器启动、客户登录成功效果图

② 单击【发送】按钮发送文件，弹出【打开】对话框（如图 7-3 所示），选择要发送的文件。

③ 选择好文件发送后，客户端显示提示信息，如图 7-4 所示。

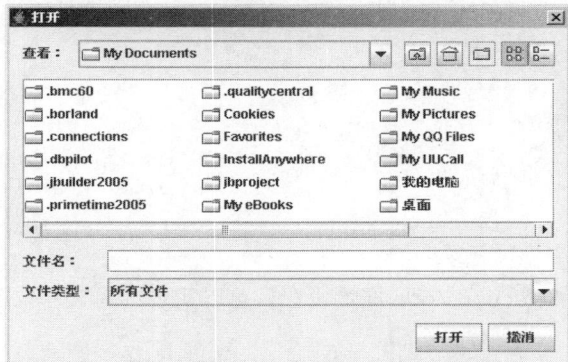

图 7-3　【打开】对话框

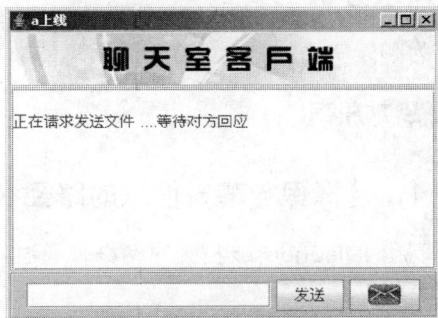

图 7-4　选择文件发送后客户端提示信息

④ 聊天室中的所有在线客户均接收到接收文件的提示信息，如图 7-5 所示。

⑤ 客户同意接收后打开【保存】对话框，保存接收到的文件，如图 7-6 所示。

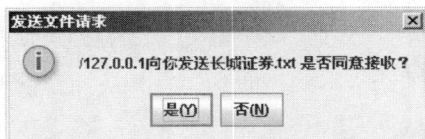

图 7-5　所有在线客户端接收文件的提示信息

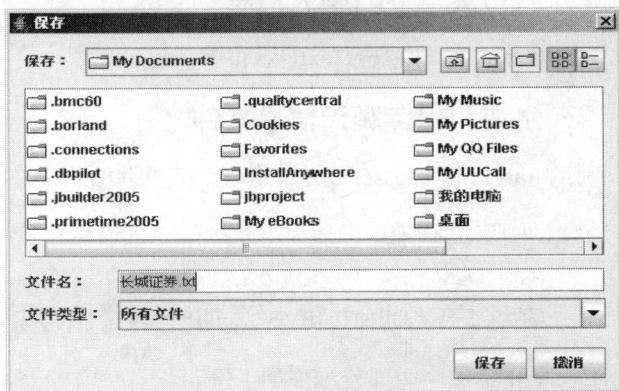

图 7-6　客户同意接收后打开【保存】对话框

⑥ 文件正在发送时，发送端的显示信息如图 7-7 所示。

⑦ 文件发送完时，发送端的显示信息如图 7-8 所示。

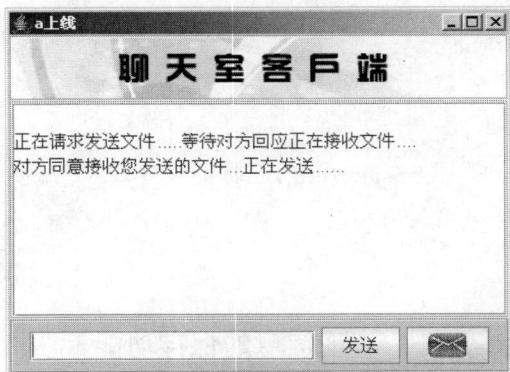

图 7-7　文件正在发送时发送端的效果图

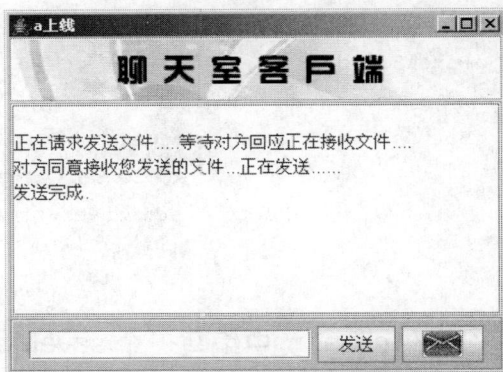

图 7-8　文件发送完发送端的效果图

7.3.2　实现聊天信息保存功能

需求分析

为聊天室添加一个保存聊天信息的功能。

解决方案

1．选择保存聊天信息的路径

利用 JFileChooser 打开对话框，通过其 FileSelectionMode 属性设置，可以实现选择文件或选择目录的功能。

```
JFileChooser ch = new JFileChooser();//构造文件选择器
ch.setFileSelectionMode(JFileChooser.DIRECTORIES_ONLY;//设置选择目录模式
ch.setFileSelectionMode(JFileChooser.FILES_ONLY);//设置选择文件模式
```

2．获得要保存的聊天信息

调用多行文本域的 getText( )获得聊天信息。

3．生成和保存聊天信息文件

利用 RandomAccessFile 类创建一个随机存储的文件流来保存聊天信息文件。

关键步骤与代码

1．在客户端 client.java 添加一个【保存】按钮

在 client 类的声明部分添加如下声明。

```
JButton jButton3;
```

在 client 构造方法中添加如下代码。

```
jButton3 = new JButton();
jButton3.setFont(new java.awt.Font("Dialog", Font.PLAIN, 14));
jButton3.setText("保存");
jPanel3.add(jButton3);
//为 jButton3 按钮注册监听器
jButton3.addActionListener(new ActionListener() {
        public void actionPerformed(ActionEvent actionEvent) {
            jButton3_actionPerformed(actionEvent);
        }
    });
```

2．在 client 类中编写一个 saveMessage 方法，实现信息的保存功能

```
public void saveMessage() {
```

```
JFileChooser ch = new JFileChooser();//构造文件选择器
//设置选择模式为: 只能选择目录
ch.setFileSelectionMode(JFileChooser.DIRECTORIES_ONLY);
int result = ch.showSaveDialog(null); //得到选择结果
String path; //判断是否选择了某个目录
if (result == JFileChooser.APPROVE_OPTION) {
     //得到所选择的目录的路径
     path = ch.getSelectedFile().getPath();
     try {
RandomAccessFile f = new RandomAccessFile(path + "\\聊天记录.txt","rw");
     String String = jTextArea1.getText();//得到聊天内容
     f.seek(f.length());//文件指针移动到文件的末尾
     f.write(String.getBytes());//写入聊天记录
     f.close();//关闭文件
JOptionPane.showMessageDialog(null, "聊天信息已经保存成功.");
     } catch (Exception ex) {
       ex.printStackTrace();
     }
   }
}
```

3．编写【保存】按钮的事件过程

```
public void jButton3_actionPerformed(ActionEvent actionEvent) {
     this.saveMessage();
  }
```

运行结果

运行修改后的聊天室程序，当单击客户端的【保存】按钮时，打开【保存】对话框，完成聊天信息的保存，结果如图 7-9、图 7-10 所示。

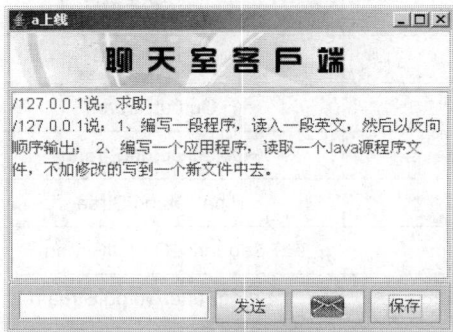

图 7-9　客户端的保存功能

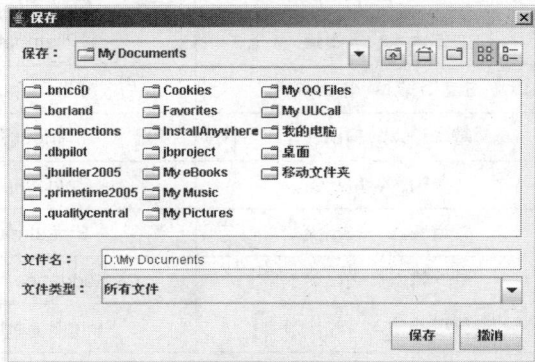

图 7-10　打开【保存】对话框进行聊天信息的保存

7.4 | 项目小结

7.4.1 技能回顾

本章我们学习了文件的编程知识，重点讲解了程序中输入流和输出流的操作，并运用文件编程技术实现了聊天室的文件传输功能和聊天信息保存功能。主要技能如下。

① 理解输入和输出流。

② 使用 FileReader 类和 FileWriter 类进行文件读写。

③ 使用 BufferedReader 类和 BufferedWriter 类进行缓冲区数据读写。

④ 使用 FileInputStream 类进行文件输入流操作。

⑤ 使用 FileOutputStream 类进行文件输出流操作。

⑥ 使用 RandomAccessFile 类进行随机文件读写。

7.4.2 知识拓展

流技术最早是从 C 语言中引入的，可以看成是一个流动的数据缓冲区。数据从数据源方向经过缓冲区流向数据的目的地。在传送的过程中，流的传送方式是串行的。在 Java 中的 java.io 包中定义了 Java 中常见流的接口与类，其中包括两个最基本的流的抽象类，它们分别是 OutputStream 与 InputStream。其余的流都分别从这两个基本类中继承而来。

1．Java 中定义的输入、输出流

Java 中定义的输入、输出流如表 7-3 所示。

表 7-3　　　　　　　　　　Java 中定义的输入、输出流

流　描　述	输　入　流	输　出　流
音频输入、输出流	AudioInputStream	AudioOutputStream
字节数组输入、输出流	ByteArrayInputStream	ByteArrayOutputStream
文件输入、输出流	FileInputStream	FileOutputStream
过滤器输入、输出流	FilterInputStream	FilterOutputStream
基本输入、输出流	InputStream	OutputStream
对象输入、输出流	ObjectInputStream	ObjectOutputStream
管道输入、输出流	PipedInputStream	PipedOutputStream
顺序输入、输出流	SequenceInputStream	SequenceOutputStream
字符缓冲输入、输出流	StringBufferInputStream	StringBufferOutputStream

其中的过滤器输入、输出流又派生出 3 个子类，如表 7-4 所示。

表 7-4　　　　　　　　　　　Filter 输入、输出流派生的子类

流　描　述	输　入　流	输　出　流
回压输入、输出流	PushbackInputStream	PrintStream
缓冲输入、输出流	BufferedInputStream	BufferedOutputStream
数据输入、输出流	DataInputStream	DataOutPutStream

2. 输入流（InputStream）

输入流用于将程序中需要的数据从键盘或文件中读入，其中常用的方法介绍如下。

（1）public int available() throws IOException

返回流中可用的字节数。

（2）public void close( ) throws IOException

关闭流并释放与流相关的系统资源。用户使用完输入流时，调用这个方法。

（3）public void mark(int readlimit) throws IOException

输入流中标志当前位置。

（4）public boolean markSupported( ) throws IOException

测试流是否支持标志和复位。

（5）public abstract int read( ) throws IOException

读取输入流中的下一个字节。

（6）public int read(byte[ ] b) throws IOException

从输入流中读取字节并存储到缓冲区数组 b 中，返回读取的字节数，遇到文件结尾返回-1。

（7）public int read(byte[ ] b, int off, int len) throws IOException

从输入流中读取 len 个字节并写入 b 中，位置从 off 开始。返回写的字节数。

（8）public void reset( ) throws IOException

重定位到上次输入流中调用的位置。

（9）public long skip(long n) throws IOException

跳过输入流中的 n 字节，返回跳过的字节数，遇到文件结尾返回-1。

3. 输出流（OutputStream）

输出流用于将程序中产生的数据写到文件中或在屏幕上显示、在打印机上打印出来。

（1）public void close( ) throws IOException

关闭输出流，释放与流相关的系统资源。

（2）public void flush( ) throws IOException

清洗输出流，使得所有缓冲区的输出字节全部写到输出设备中。

（3）public void write(byte[ ] b) throws IOException

从特定字节数组 b 中将 b 数组长度个字节写入输出流。

（4）public void write(byte[ ] b, int off, int len) throws IOException

从特定字节数组 b 中将从 off 开始的 len 个字节写入输出流。

（5）public abstract void write(int b) throws IOException

向输出流写一个特定字节。

4．文件过滤

文件过滤就是对文件名的过滤。Java 中用接口 Filter 和 FilenameFilter 来实现这一功能。

（1）FileFilter 和 FilenameFilter 接口

这两个接口中有方法 accept，接口的说明如下。

```
public interface FileFilter
 { public Boolean accept(File pathname);}
```
参数 pathname 是要过滤目录中的文件对象。

```
public interface FilenameFilter
 { public Boolean accept(File dir, String name);}
```
参数 dir 是要过滤的目录，name 是目录中的文件名。

（2）过滤功能的使用

要实现过滤功能，就要声明一个类实现 Filter 和 FilenameFilter 接口中的方法。这个类可以作为一个过滤器。在使用 File 类的 list 和 listFiles 方法时，以一个过滤器对象作为参数，就可实现对文件名的过滤。

```
public String[] list(FilenameFilter filter)
public File[] listFiles(FilenameFilter filter)
public File[] listFlies(FileFilter filter)
```

7.5 实战练习

1．选择题

（1）计算机中的流是_____。

    A．流动的字节   B．流动的对象

    C．流动的文件   D．流动的数据缓冲区

（2）以下_____是 java.io 包中的一个兼有输入、输出功能的类。

    A．Object   B．Serializable

    C．RandomaccessFile   D．java.io 中不存在这样的类

（3）查找随机文件的记录时，应使用的方法是_____。

    A．readInt( )   B．readBytes(int n)

    C．seek(long l)   D．readDouble( )

（4）下列叙述中，错误的是_____。

    A．File 类能够存储文件   B．File 类能够读写文件

    C．File 类能够建立文件   D．File 类能够获取文件目录信息

（5）下列叙述中，正确的是_____。

    A．Reader 是一个读取字符文件的接口

    B．Reader 是一个读取数据文件的抽象类

C.　Reader 是一个读取字符文件的抽象类

D.　Reader 是一个读取字节文件的一般类

（6）要从 file.dat 文件中读出第 10 个字节到变量 C 中，下列_____方法适合。

A.　FileInputStream in=new FileInputStream("file.dat");

in.skip(9); int c=in.read( );

B.　FileInputStream in=new FileInputStream("file.dat");

in.skip(10); int c=in.read( );

C.　FileInputStream in=new FileInputStream("file.dat");

int c=in.read( );

D.　RandomAccessFile in=new RandomAccessFile("file.dat");

in.skip(9); int c=in.readByte( );

（7）字符输出流类都是_____抽象类的子类。

A.　FilterWriter　　　B.　FileWrite　　　C.　Writer　　　　D.　OutputStreamWrite

2．编程题

（1）编写一段程序，读入一段英文，然后以反向顺序输出。

（2）编写一个应用程序，读取一个 Java 源程序文件，不加修改地写到一个新文件中去。

第8章 聊天室的多人在线聊天功能

本章简介

第 7 章我们学习了网络编程的知识，实现了聊天室的客户端和服务器间的聊天功能。本章我们将学习线程的编程知识，重点讲解程序中多线程的实现和线程的同步，运用多线程技术实现聊天室的一对多聊天功能。

8.1 项目任务与目标——利用线程实现多人在线聊天

工作任务

1. 实现服务器和多个客户间的网络通信功能
2. 实现客户端收发信息的分离

技能目标

1. 理解 Thread 类和 Runnable 接口
2. 学会在程序中实现多线程的方法
3. 能够熟练控制线程的各个状态
4. 能够解决线程的同步问题

本章术语

➢ Synchronized——同步

➢ Thread——线程类

➢ setPriority( )——线程优先级

➢ join( )——线程加入

➢ yield( )——线程让步

➢ wait( )——线程等待

> notify( )——线程唤醒
> Runnable 接口——线程操作要实现的接口

8.2 技能训练

8.2.1 银行存款——单账户取款

训练任务

当我们运行程序时，会在操作系统中建立一个进程，每一个进程至少要有一个线程作为程序的入口点，系统会有一个默认的主线程来运行程序。但有时一个线程无法实现程序的要求，比如同时接收邮件和发送邮件，需要两个线程来完成，因此我们可以创建多个线程，将程序划分成单独的子任务来执行。

在 Java 中创建线程有两种方法：使用 Thread 类和 Runnable 接口。该任务展示了使用 Thread 类来创建线程。

程序创建出两个线程（jack 和 rose）共享同一银行账户，模拟了 Jack 和 Rose（程序中为 jack 和 rose）去银行对同一账户取款时可能出现的状况。

技能要点

① 理解进程和线程的区别。
② 学会采用继承 Thread 类的方法创建线程。
③ 能够创建出多个线程来分别执行相同的任务。
④ 掌握 Thread 类和 Thread 类中方法的使用。

任务分析

对银行账户的存取是一个子任务，首先我们需要创建出两个线程才能运行此任务。本案例使用继承 Thread 类的方式来创建线程。

Thread 类存在于 Java.lang 包中，Thread 类的构造方法如表 8-1 所示。

表 8-1　　　　　　　　　　　　　　构造方法

Thread 类的构造方法
public Thread( );
public Thread(Runnable target);
public Thread(String name);
public Thread(Runnable target, String name);
public Thread(ThreadGroup group, Runnable target);
public Thread(ThreadGroup group, String name);
public Thread(ThreadGroup group, Runnable target, String name);

参数解释如下。

Runnable target：实现了 Runnable 接口的类的实例，即子任务名称，将子任务作为参数初始化 Thread 类的构造方法，表示此线程将要处理此任务。

String name：线程的名字。这个名字可以通过初始化构造方法来设置，也可以在建立 Thread 实例后通过 Thread 类的 setName 方法设置。如果不设置线程的名字，线程就使用默认的线程名 Thread-N，N 是线程建立的顺序，是一个不重复的正整数。

ThreadGroup group：当前建立的线程所属的线程组。如果不指定线程组，所有的线程都被加到一个默认的线程组中。

Thread 类的成员方法如表 8-2 所示。

表 8-2   Thread 类的成员方法

Thread 类	方 法 说 明
public final String getName( )	返回线程名
public final void setName(String name)	为线程命名
public void start( )	启动线程
public final Boolean isAlive( )	判断线程是否已启动
public final ThreadGroup getThreadGroup( )	返回线程所属的线程组
public String toString( )	打印线程信息

Thread 类的静态成员方法如表 8-3 所示。

表 8-3   Thread 类的静态成员方法

Thread 类	静态方法说明
public static Thread currentThread( )	返回当前正在执行的线程名
public static int activeCount( )	返回当前活动的线程个数
public static int enumerate(Thread[ ] tarray)	将当前活动线程及其子线程复制到数组 tarray 中

采用创建子类继承 Thread 类的方法来创建线程的步骤如下。

① 创建 Thread 类的子类 Worker。

```
public class Worker extends Thread{}
```

② 建立 Thread 子类对象（实例化一个具体工人，我们将线程比作工人）。

```
Worker worker_one=new Worker();
```

③ 启动线程（开始干活）。

```
worker_one.start();
```

④ 覆盖父类 Thread 中的 run()方法。

⑤ 调用其他方法。

```
worker_one.setName();
```

程序实现

1. 类分析

用面向对象的思想分析程序中出现的对象，包括 jack、rose 和账户，其中 jack 和 rose 属于一类，账户属于一类。我们打一个比方，jack 和 rose 属于工人，账户属于任务对象，将银行取款动作比作工人执行任务。在程序中子任务是由线程来完成的，因此 jack 和 rose 可归结为线程类，所以程序最终可创建 3 个类：BankAccount（账户类）、ThreadBank（线程类）和 ThreadTest（测试类）。

① BankAccount（账户类）：完成账户的更新。

② ThreadBank（线程类）：完成取款操作。

③ ThreadTest（测试类）：创建两个线程并启动这些线程。

2.　程序步骤

① 创建账户类 BankAccount，此类中包含如下成员变量和成员方法。

```
成员变量: private int account;              //保存账户余额
成员方法: public int getAccount()           //返回账户余额
         public void withdraw(int money)    //更新账户
```

程序实现：

```
public class BankAccount {
    private int account=105;

    public int getAccount(){//返回账户余额
        return account;
    }
    public void withdraw(int money){//更新账户
        account=account-money;
    }
}
```

② 创建子线程类 ThreadBank，声明格式如下。

```
public class ThreadBank extends Thread
```

类 ThreadBank 由普通类变为线程类，将继承父类 Thread 的 run()方法，在子类中覆盖 run()方法，在 run()方法中完成取款操作。也就是说，线程要执行的子任务由 run()方法来完成。

程序实现：

```
public class ThreadBank extends Thread{
    public void run(){
    //取款操作
    }
}
```

③ 创建测试类 ThreadTest，这是程序的入口点，在此完成线程的启动。

首先将子线程 ThreadBank 实例化，创建两个具体的线程（即创建两个工人 jack 和 rose），声明格式如下。

```
ThreadBank jack=new ThreadBank();
ThreadBank rose=new ThreadBank();
```

为了在程序中了解线程的执行过程，可以为每个线程命名。

```
jack.setName("jack");
rose.setName("rose");
```

最后启动各个线程。线程类中的 start()方法可以帮助启动线程，并同时触发 run()方法在线程中完成取款操作。由于程序启动了两个线程，run()方法将会分别被弹入两个栈中，如图 8-1 所示。

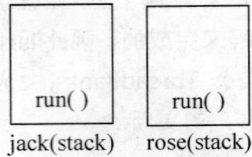

图 8-1　栈中的 run( )方法

```
jack.start();
rose.start();
```

由于处理器一次只能处理一个栈中的方法，因此处理器将随机决定先处理谁的取款操作。

程序实现：

```
public class ThreadTest {
    public static void main(String[] args) {
        ThreadBank jack=new ThreadBank();
        ThreadBank rose=new ThreadBank();
        jack.setName("jack");
        rose.setName("rose");
        jack.start();
        rose.start();
    }
}
```

④ 在 run( )方法中完成取款操作。

由于有两个线程要执行 run( )方法，而处理器一次只能处理一个，因此调度器随机指定一个来执行。如果 jack 先来取款，需要比较账户余额和取款的金额，余额足够，则可以取款，否则显示余额不足。

程序实现：

```
BankAccount zhanghu=new BankAccount();
while(true){
        if(zhanghu.getAccount()>=10){
        System.out.println(Thread.currentThread().getName()+"准备取款");
          zhanghu.withdraw(10);
    System.out.println(Thread.currentThread().getName()+"完成取款");
        }
        else{
    System.out.println("您好"+Thread.currentThread().getName()+"账户不足，请尽快存款!
余额为: "+zhanghu.getAccount());
            break;
        }
```

注意：Thread.currentThread( ).getName( )为获得当前线程的名字。

⑤ 让程序 "小睡一会儿"。

由于调度器自行决定哪个线程来运行，所以会造成 jack 和 rose 取款次数不均。可能 jack 取了 10 次，才轮到 rose 去取，rose 发现只剩下 5 元了。为了让线程有公平的执行机会，可以让一个线程执行后休息一会儿，将处理器让出来，另一个线程来执行（即执行 zhanghu.withdraw(10)后休息）。

修改 run( )方法，程序实现：

```
        zhanghu.withdraw(10);
        try{
Thread.sleep(30);      //休息 30ms
}catch(InterruptedException ex){ex.printStackTrace();}
```

```
System.out.println(Thread.currentThread().getName()+"睡醒了");
System.out.println(Thread.currentThread().getName()+"完成取款");
```

8.2.2 银行存款——多账户取款

训练任务

8.2.1 节我们模拟了 Jack 和 Rose 轮流休息对同一账户进行取款，Rose 睡醒后发现钱都被取光了，于是她决定自己重新开户，不再两个人共用一个账户了，而是两个人各自用不同的账户取款。

技能要点

① 理解 Thread 类和 Runnable 接口创建线程的区别。
② 学会利用 Runnable 接口的方式来创建线程。
③ 能够创建出多个线程分别执行不同的子任务。
④ 掌握 Runnable 接口中的方法。

任务分析

8.2.1 节中的取款操作是在 run()方法中实现的，如果现在存在两个账户，就有两个不同的取款操作，因此需要两个 run()方法来实现，而在一个类中不能出现名字相同的方法，因此用子类继承 Thread 的方式创建线程无法完成。其次 Java 不支持多继承，如果一个类继承了 Thread 类，那就由普通类变成了线程类，它就不允许再继承其他的类，这样就限制了程序的灵活性。我们采用实现 Runnable 接口的方式来完成，因为 Java 支持一个类实现多个接口。

Runnable 接口存在于 Java.lang 包中，接口中只有一个 run()方法。

注意：此接口中的 run()方法不是 Thread 类中的 run()方法。

采用实现 Runnable 接口的方式来创建线程的步骤如下。

① 创建实现 Runnable 接口的类。

```
public class Job implements Runnable{}
```
② 建立 Runnable 对象（实例化具体任务）。

```
Job job=new Job();
```
③ 建立 Thread 对象（工人）并赋值 Runnable（任务）。

```
Thread worker=new Thread(job);
```
④ 启动线程（开始干活）。

```
worker.start();
```
⑤ 实现 Runnable 接口中的 run()方法。
⑥ 调用其他方法。

```
worker.setName();
```

程序实现

1．类分析

实现 Runnable 接口创建线程的特点是执行线程操作的类需要实现接口，而我们有两个线程，每个线程执行的操作不同（因为是对不同的账户取款），因此需要创建两个类分别实现 Runnable 接口。在任务分析中讲过 Runnable 接口只有一个 run()方法，因此每个类分别要实现 run()方法，该方法要实现取款操作。我们可以把这两个类比作任务类，每个类分别可以实例化出一项具体的任务对象。

由于已经有了执行取款操作的 run()方法，因此不需要再创建线程子类来继承 run()方法了，但仍然需要创建两个线程，因此可以直接采用 Thread 类实例化出两个具体的线程（我们把它比作工人）。

同 8.2.1 节一样，我们仍然需要一个账户类，所以程序最终可创建 4 个类：BankAccount（账户类）、JackThread（子任务类 1）、RoseThread（子任务类 2）和 ThreadTest（测试类）。

① BankAccount（账户类）：完成账户的更新。

② JackThread（子任务类 1）：完成 Jack 取款操作。

③ RoseThread（子任务类 2）：完成 Rose 取款操作。

④ ThreadTest（测试类）：创建两个线程并启动这些线程。

2．程序步骤

① 创建账户类 BankAccount，同 8.2.1 节相同。

② 创建子任务类 JackThread，声明格式如下。

```
public class JackThread implements Runnable
```

类 JackThread 由普通类变为任务类，在此类中需实现 run()方法，在 run()方法中完成 Jack 取款操作。也就是说，线程要执行的子任务由 run()方法来完成。

程序实现：

```
public class JackThread implements Runnable {
     public void run(){
     //Jack 取款操作
     }
  }
```

③ 创建子任务类 RoseThread，声明格式如下。

```
public class RoseThread implements Runnable
```

类 RoseThread 由普通类变为任务类 2，在此类中同样需要实现 run()方法，在 run()方法中完成 Rose 取款操作。如果有更多的子任务，我们可以以此类推，创建普通类实现 Runnable 接口和 run()方法，在方法中实现相应的操作。

程序实现：

```
public class RoseThread implements Runnable {
     public void run(){
     //Rose 取款操作
     }
  }
```

④ 创建测试类 ThreadTest，这是程序的入口点，在此完成线程的启动。

首先将两个任务类 JackThread 和 RoseThread 实例化，创建两个具体的任务，声明格式如下。

```
JackThread jackjob=new JackThread();
RoseThread rosejob=new RoseThread();
```

创建两个线程（即创建两个工人），声明格式如下。

```
Thread Jack=new Thread(jackjob, "jack");
Thread Rose=new Thread(rosejob, "rose");
```

参数说明如下。

第 1 个参数是具体的任务，第 2 个参数是线程的名称。在创建线程时，系统会执行相应的构造方法进行初始化，此时执行的是 public Thread(Runnable target, String name)构造方法，表示为工人分配任务。由于 JackThread 是任务类，所以 jackjob.setName（"jack"）是错误的，可以通过参数为线程命名。

最后启动各个线程。同 8.2.1 节相同，线程类中的 start()方法可以帮助启动线程,并同时触发 run()方法在线程中完成取款操作。由于程序启动了两个线程，因此会触发两个 run()方法执行，Jack 对自己的账户取款，Rose 对自己的账户取款。

```
jack.start();
rose.start();
```

程序实现：

```
public class ThreadTest {
    public static void main(String[] args) {
        RoseThread rosejob=new RoseThread();
        JackThread jackjob=new JackThread();
        Thread jack=new Thread(jackjob,"jack");
        Thread rose=new Thread(rosejob,"rose");
        jack.start();
        rose.start();
    }
}
```

⑤ 在 run()方法中完成取款。

由于分配给 Jack 的任务是 JackThread 类实例化后的任务 jackjob，因此 jack.start( )方法会触发 JackThread 类中的 run()方法，同样 rose.start()方法会触发 RoseThread 类中的 run()方法。

JackThread 类中的 run()方法代码如下（Jack 的取款操作）。

```
BankAccount jackzhanghu=new BankAccount();
while(true){
        if(jackzhanghu.getAccount()>=10){
        System.out.println(Thread.currentThread().getName()+"准备取款");
          jackzhanghu.withdraw(10);
     System.out.println(Thread.currentThread().getName()+"完成取款");
        }
        else{
    System.out.println("您好"+Thread.currentThread().getName()+"账户不足，请尽快存款!
余额为: "+jackzhanghu.getAccount());
            break;
        }
```

RoseThread 类中的 run()方法代码如下（Rose 的取款操作）。

```
BankAccount rosezhanghu=new BankAccount();
while(true){
        if(jackzhanghu.getAccount()>=10){
        System.out.println(Thread.currentThread().getName()+"准备取款");
          rosezhanghu.withdraw(10);
```

```
        System.out.println(Thread.currentThread().getName()+"完成取款");
        }
      else{
    System.out.println("您好"+Thread.currentThread().getName()+"账户不足,请尽快存款!
余额为: "+rosezhanghu.getAccount());
            break;
      }
```

两者的区别在于分别实例化出不同的账户（两人各持有一个账户），程序中对不同的账户进行操作。

8.2.3 银行取款——两人同时取款

训练任务

在 8.2.1 节中程序创建出两个线程（jack 和 rose）共享同一银行账户，模拟了 Jack 和 Rose 去银行对同一账户取款时可能出现的状况。在这个程序中有可能会发生 Jack 和 Rose 同时去查看账户时两人都发现余额还剩 10 元，而在 Rose 准备取款时 Jack 抢先把 10 元取走了，而 Rose 却一无所知，Rose 取款之后发现余额变为-10 了。Rose 极度气愤，决定找银行去理论，银行打印出账单，Rose 才恍然大悟，原来是 Jack 把钱取光了。如何控制在同一时间只能有一个人对账户操作，这是本节我们要解决的问题。

技能要点

① 理解线程的状态和调度机制。
② 理解线程的同步机制。
③ 学会利用 synchronized 关键字来锁定线程执行的方法。
④ 能够利用 synchronized 关键字解决数据同步问题。

任务分析

这是由于数据不同步导致的问题，应该在 Jack 查看账户时锁住 Jack 线程，此时 Rose 无法获得处理器，也就无法查看账户。待 Jack 执行完取款操作后，两个线程再争抢处理器。这样就保证了在执行一个线程的操作时，另一个线程处于排队状态。

Java 语言提供了线程的同步控制机制来保护数据，通过 synchronized 关键字将作用在数据上的方法同步化，即锁定线程执行的方法，格式如下。

```
public synchronized void method{
}
```

只要在 void 和 public 之间加上 synchronized 关键字，就可以使 method 方法（即线程执行的操作）同步。也就是说，method 方法同一时刻只能被一个线程调用，只有当前的 method 执行完以后，才能被其他的线程调用，不会出现两个线程同时执行的情况，也就解决了两个人同时对一个账户进行操作的问题。

程序实现

在 8.2.1 节中程序实现的基础上修改 run()方法。源程序如下。

```
public void run(){
BankAccount zhanghu=new BankAccount();
while(true){
        if(zhanghu.getAccount()>=10){
        System.out.println(Thread.currentThread().getName()+"准备取款");
         zhanghu.withdraw(10);
     System.out.println(Thread.currentThread().getName()+"完成取款");
        }
        else{
    System.out.println("您好"+Thread.currentThread().getName()+"账户不足，请尽快存款!
余额为: "+zhanghu.getAccount());
            break;
        }//else
    }//while
}//run
```

由于 synchronized 通过锁定线程实现的方法来实现数据同步，所以可在 run( )方法前加上 synchronized 修饰符。

```
public synchronized void run(){
}
```

运行程序时会发现，账户中的钱全被 Jack 取光了 Rose 才能去取，这是因为程序开始运行时，Jack 线程先占有了处理器。处理器执行 Jack 线程的 run( )方法时，该方法中包含一个死循环，所以会造成 Jack 一直取款，直到循环结束时，账户中的钱被取光。

为了让 Jack 和 Rose 有公平的取款机会，可将循环主体代码分解。定义一个方法 Qukuan( )，该方法被 run( )方法调用来执行取款的操作。取消 run( )方法的 synchronized 修饰符，为 Qukuan( )方法加上 synchronized 修饰符。

程序实现:

```
public void run(){
BankAccount zhanghu=new BankAccount();
while(true){
Qukuan();
    }//while
}//run
public synchronized void Qukuan(){
if(zhanghu.getAccount()>=10){
    System.out.println(Thread.currentThread().getName()+"准备取款");
    zhanghu.withdraw(10);
    System.out.println(Thread.currentThread().getName()+"完成取款");
    }
else{
    System.out.println("您好"+Thread.currentThread().getName()+"账户不足，请尽快存款!
余额为: "+zhanghu.getAccount());
    break;
        }//else
    }
```

再次运行程序，发现 Jack 和 Rose 可以轮流去取款。因为程序开始运行时，有一个线程先占有了处理器，当执行第一次取款时处理器被锁定，另一个线程陷入等待状态。一次取款结束后（即 Qukuan( )运行结束后 synchronized 锁定失效），两个线程再次争抢处理器，当有一个线程又占有处理器时，另一个线程陷入等待状态。

可以看出处理器只在执行取款操作时被锁定，取款结束后，也就是 Qukuan()方法结束后处理器被释放，所以可以通过 synchronized 修饰符来控制哪些操作需要线程单独占有处理器。

在此基础上为程序加上图形用户界面的功能就可实现 ATM（自动取款机）功能（图形用户界面功能的实现可参考图形用户接口章节）。

8.3 项目学做

8.3.1 实现服务器和多个客户间的网络通信功能

需求分析

到目前为止，我们已经实现了聊天室中服务器和客户端的信息收发功能。然而，通过测试发现，如果启动聊天室服务器后，启动两个客户端，永远只有一个客户能与服务器通信，而另外一个客户与服务器，以及正在和服务器通信的客户间均不能通信。

产生上述现象的原因在于聊天室的通信功能是通过网络套接字编程实现的。通过对网络数据流的读写，完成聊天室中信息的收发功能。这一过程是一种阻塞性过程，即当正在发送信息时，程序就会停在那里，等待信息发送完成；当正在接收信息时，程序也会暂停在那里，等待信息接收完成。所以，当服务器与一个客户建立连接后，未结束通信时，无法接受其他客户的连接请求。

解决方案

根据上述的需求，我们可以采用多线程技术来解决这个问题，即增加一个线程，专门负责服务器的监听功能。当有一个客户与服务器连接后就建立一个单独的线程与之进行通信，从而实现一个服务器与多个客户间的网络通信功能。

关键步骤与代码

1. 创建一个服务线程类

实现服务器与每个客户间的单独通信功能，创建一个子类 ServerThread，继承系统线程类 Thread。ServerThread 的构造方法可以接受 Server 和 Socket 对象的引用，从而实现对 Server 和 Socket 对象的操作。

实现 Runnable 接口中的 run( )方法：循环读出客户端发来的信息，然后将其转发给所有客户端。ServerThread 类的代码如下。

```
package chat;
import java.net*;
```

```
import java.io.*;
public class ServerThread extends Thread {
    private Server server;
    private Socket socket;
    public ServerThread(Server server, Socket socket) {
        this.server = server;
        this.socket = socket;
        //启动线程
        start();
    }
    public void run() {
        try {
            //利用得到的 socket,生成与对应客户连接的对象输入流
            ObjectInputStream is = new
ObjectInputStream(socket.getInputStream());
            while (true) {
                Object ob = is.readObject();//读取客户端发来的信息
                server.sendToAll(ob);        //把收到的信息转发给所有客户
                }
        } catch (EOFException ie) {
            ie.printStackTrace();
        } catch (IOException ie) {
            ie.printStackTrace();
        } catch (ClassNotFoundException e) {
            e.printStackTrace();
        } finally {
            server.removeConnection(socket);
        }
    }
}
```

2. 启动单独线程, 负责服务器端的监听功能

修改服务器端的监听方法, 为新的客户创建新的线程, 在新的线程中处理与客户的通信。
修改后的 listen( )方法代码如下。

```
private void listen(){
    try{
    serverSocket=new ServerSocket(port);//创建 ServerSocket
    jTextArea1.append("服务器已经启动,在端口"+port+" 等待客户连接...\n");//提醒服务器已经
                                                            //启动,开始监听

    while(true){
        socket = serverSocket.accept();//接受客户端的连接
        jTextArea1.append("客户:" + socket.getInetAddress().toString() +
                    "已经连接! \n");//提醒已经获得了一个连接
        os = new ObjectOutputStream(socket.getOutputStream());//利用 Socket 生成对象
                                                            //输入/输出流

        is = new ObjectInputStream(socket.getInputStream());
```

```
        clientAndOses.put(socket, os);    //保存数据输出流对象
        new ServerThread(this, socket);//为新的客户创建新的线程，在新的线程中处理与客户的
                                        //通信
    } }
    catch(IOException e){
    e.printStackTrace();
    }}
```

3. 实现服务器信息转发功能

（1）创建一个 HashTable 集合类，保存所有客户端的输出流

服务器在任何时候都能转发来自任意客户端的信息，而且必须拥有所有客户端输出流的引用。

在 Server 类中，声明一个私有成员变量 clientAndOses 来存放客户输出流对象。

```
private Hashtable <Socket, ObjectOutputStream> clientAndOses = new Hashtable<Socket,
ObjectOutputStream>();
```

（2）转发聊天信息给所有客户

在 Server 类中编写一个 sendToAll()方法，将聊天信息转发给所有在线的客户，代码如下。

```
Enumeration getOutputStream(){
    return clientAndOses.elements() ;
}
void sendToAll(Object ob) {
    synchronized (clientAndOses) {
    Enumeration e =getOutputStream();
    for (; e.hasMoreElements(); ) {
    ObjectOutputStream os = (ObjectOutputStream) e.nextElement();//取出输出流
        try {                                                    //发送消息
                os.writeObject(ob);
                os.flush();
            } catch (IOException ie) {
                System.out.println(ie);
            }
        }
            jTextArea1.append(ob.toString()+"\n");
    } }
```

（3）删除已经关闭的客户端

在 Server 类中编写一个 removeConnection( )方法，将所有不在线的客户从 clientAndOses 集合
对象中删除，代码如下。

```
void removeConnection(Socket s) {
    synchronized (clientAndOses) {
    jTextArea1.append("客户:" + s.getLocalAddress().toString() + "断开连接");
        clientAndOses.remove(s);
        try {
            s.close();
        } catch (Exception ie) {
```

```
       System.out.println("关闭连接错误" + s);
       ie.printStackTrace();
}}}
```

运行结果

程序运行结果如图 8-2、图 8-3 所示。

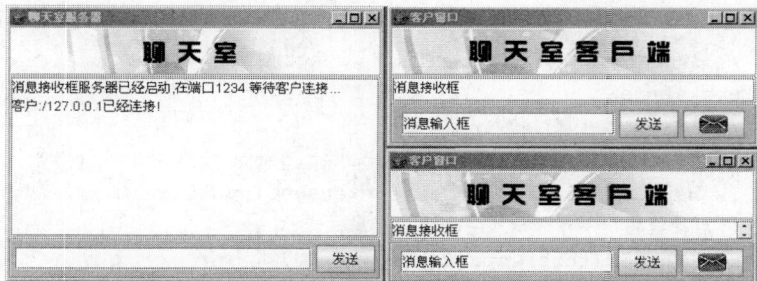

图 8-2　修改前服务器的一对一通信效果图

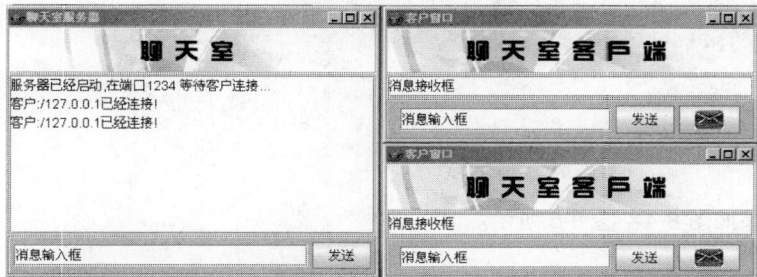

图 8-3　修改后服务器的一对多通信效果图

8.3.2　实现客户端收发信息的分离

需求分析

现在服务器已经能够接受多个客户的连接请求，并成功建立各自的连接。但是，当多个客户同时在线聊天时，会发生等待的现象，甚至死循环。

解决方案

聊天室中无论服务器还是客户端都需要收发信息，为了避免程序的等待和暂停，我们将客户端接收信息和发送信息的方法分为两个独立的线程，独立运行。

关键步骤与代码

① 修改 Client 类，实现 Runnable 接口，即实现 run()方法，循环读取信息，代码如下。

```
public class Client extends JFrame implements Runnable {
    ⋮
```

```
public void run() {
    while(true){
    readMessage();
    } }
    ⋮
}
```

② 修改 Client 类中连接服务器方法 connectServer()，启动新线程负责接收信息，代码如下。

```
private void connectServer(){
    try{
        //初始化连接，得到和服务器通信的 socket 对象
        socket=new  Socket("127.0.0.1",port);
        //利用 socket 取得输入/输出流
        os=new ObjectOutputStream(socket.getOutputStream());
        is=new ObjectInputStream(socket.getInputStream());
        //启动线程，不停地从服务器读取信息
        new Thread(this).start();
    }catch (UnknownHostException e){
        e.printStackTrace();
    }catch (IOException e){
        e.printStackTrace();
    }
}
```

运行结果

程序运行效果如图 8-4 ~ 图 8-6 所示。

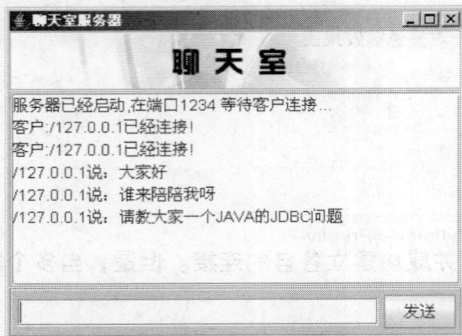

图 8-4　聊天室服务器运行效果图

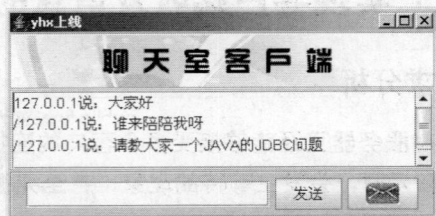

图 8-5　聊天室 yhx 客户聊天效果图

图 8-6　聊天室 a 客户聊天效果图

8.4 项目小结

8.4.1 技能回顾

本章我们学习了线程的编程知识，重点讲解了程序中多线程的实现和线程的同步问题，并运用多线程技术实现聊天室的一对多聊天功能。主要内容如下。

① 程序设计中多线程的作用。

② 如何利用 Thread 类实现多线程。

③ 如何通过实现 Runnable 接口实现多线程。

④ 如何解决线程同步问题。

⑤ 如何控制线程的各个状态。

⑥ 如何实现线程间的通信。

8.4.2 知识拓展

通过前面介绍的继承 Thread 类和实现 Runnable 接口来创建多线程，可以实现程序在同一时间内做"多件事情"，提高程序的运行效率。这里需要注意的是计算机同一时刻只能处理一件事情，只是多个任务在交替执行，以减少 CPU 空闲的时间。所以只是模拟了同一时间内的多任务处理。

多个任务的交替执行，是由系统的调度机制自动控制的，所以线程的执行顺序是随机的。尽管前面介绍了用 sleep( )和 synchronized 修饰符来保证线程执行的完整性，但仍不能控制线程的执行顺序，下面介绍几种线程的控制方法来帮助我们在程序中更好地控制线程的执行。

在创建线程后，可以通过 setPriority( )方法来设置线程的优先级别，setPriority( )方法说明如表 8-4 所示。

表 8-4　　　　　　　　　　　　　　　setPriority( )方法说明

方　　　法	
public final void setPriority(int newPriority)	
可 选 参 数	说　　　明
1 ~ 10	数字越大，级别越高，默认值为 5
MAX_PRIORITY	表示级别最高
NORM_PRIORITY	表示默认级别
MIN_PRIORITY	表示级别最低

范例：在 8.2.2 节实现多线程案例（银行多账户存款）的基础上修改测试类，代码如下。

```
public class ThreadTest {
    public static void main(String[] args) {
        RoseThread rosejob=new RoseThread();
```

```
            JackThread jackjob=new JackThread();
            Thread jack=new Thread(jackjob,"jack");
            Thread rose=new Thread(rosejob,"rose");
            jack.setPriority(Thread.MAX_PRIORITY);
            //设置 jack 线程为最高优先级
            rose.setPriority(Thread.MIN_PRIORITY);
            //设置 rose 线程为最低优先级
            jack.start();
            rose.start();
        }
    }
```

代码解析：由于 jack 线程设为最高优先级，程序先执行 Jack 取款操作，直到 Jack 取款结束后，Rose 才开始取款，直到取款结束。

（1）线程的加入

在第一个线程执行期间，可通过 join( )方法来加入第 2 个线程，join( )方法说明如表 8-5 所示。

表 8-5   join( )方法说明

方　　法	说　　明
public void join( )	加入某线程直到该线程终止
publicvoid join(long millis)	加入某线程并等待该线程终止的时间最长为 millis ms
publicvoid join(long millis, int nanos)	加入某线程并等待该线程终止的时间最长为 millis ms + nanos ns
InterruptedException（抛出异常）	如果任何线程中断了当前线程，当抛出该异常时，当前线程的中断状态被清除

范例：在 8.2.3 节程序中运用 synchronized 实现线程同步（银行单账户取款）的基础上修改测试类，源程序代码如下。

```
public class ThreadTest {
    public static void main(String[] args) {
        ThreadBank job=new ThreadBank();//两个相同任务的线程
        Thread jack=new Thread(job);
        Thread rose=new Thread(job);
        rose.setName("Rose");
        jack.setName("Jack");
        jack.start();
        rose.start();
    }
}
```

禁止 rose 线程的启动，程序中只留下 jack 线程和主线程，在主线程中加入循环语句，当循环到第 3 次时加入 jack 线程。

```
public class ThreadTest {
    public static void main(String[] args) {
      ThreadBank job=new ThreadBank();//两个相同任务的线程
        Thread jack=new Thread(job);
```

```
            Thread rose=new Thread(job);
            rose.setName("Rose");
            jack.setName("Jack");
            jack.start();
            //rose.start();
        for(int i=0;i<10;i++){
            System.out.println("第"+i+"次循环: ");
            if(i==3){
                try{jack.join();
                }catch(InterruptedException
e) {e.printStackTrace();}
            }
        }//for
    }
}
```

运行结果如下。

```
第 0 次循环:
第 1 次循环:
第 2 次循环:
第 3 次循环:
Jack 请输入取款的金额:
45
Jack 准备取款
Jack 完成取款
Jack 请输入取款的金额:
45
Jack 准备取款
Jack 完成取款
：
请充钱
第 4 次循环:
第 5 次循环:
第 6 次循环:
第 7 次循环:
第 8 次循环:
第 9 次循环:
```

代码解析：从结果可以看出，当循环到第 3 次时主线程让出处理器，jack 线程占有处理器，主线程等待 jack 线程执行完毕，才会接着循环。

（2）线程的让步

在一个线程执行期间，可通过 yield()方法来强制让出处理器，yield()方法说明如表 8-6 所示。

表 8-6　　　　　　　　　　　　　　yield( )方法说明

方　　法	说　　明
public static void yield( )	暂停当前正在执行的线程对象，并执行其他线程

范例：在 8.2.3 节中程序实现的基础上修改 run( )方法，源程序如下。

```
public void run(){
BankAccount zhanghu=new BankAccount();
while(true){
Qukuan();
    }//while
}//run
public synchronized void Qukuan(){
if(zhanghu.getAccount()>=10){
    System.out.println(Thread.currentThread().getName()+"准备取款");
    zhanghu.withdraw(10);
    System.out.println(Thread.currentThread().getName()+"完成取款");
    }
else{
    System.out.println("您好"+Thread.currentThread().getName()+"账户余额不足,请尽快存
款! 余额为: "+zhanghu.getAccount());
    break;
        }//else
    }
```

修改 While 循环，通过加入 yield( )方法可强制让出处理器，由于 yield( )方法是静态方法，所以可以用 Thread 类直接调用。源程序如下。

```
public void run(){
BankAccount zhanghu=new BankAccount();
for(int i=0; ; i++;){
    if(i%2==0)Thread.yield();
    Qukuan();
    }//for
}//run
public synchronized void Qukuan(){
if(zhanghu.getAccount()>=10){
    System.out.println(Thread.currentThread().getName()+"准备取款");
    zhanghu.withdraw(10);
    System.out.println(Thread.currentThread().getName()+"完成取款");
    }
else{
    System.out.println("您好"+Thread.currentThread().getName()+"账户余额不足,请尽快存
款! 余额为: "+zhanghu.getAccount());
    break;
        }//else
    }
```

代码解析：根据程序要求，当变量循环到偶数时，当前的线程需要让出处理器。程序结果显示了下一次该线程仍然有可能再次占有处理器。

（3）线程的等待和唤醒

在线程执行期间，通过 wait( )方法使该线程暂停，与 yield( )方法不同的是前者使线程进入阻塞状态，通过 notify( )方法可以唤醒；后者未进入阻塞状态，只是暂时失去了处理器的占有权，在争抢

处理器的过程中仍然有可能再次占有，不需要唤醒。

　　注意：notify( )是唤醒一个线程，notifyAll( )是唤醒所有线程。

8.5　实战练习

1．选择题

（1）关于线程和进程，说法正确的是_____。

    A．一个线程就是一个程序　　　　　　B．一个进程可划分为多个线程

    C．创建线程越多越好　　　　　　　　D．创建线程可以提高程序效率

（2）可以用_____方法创建线程。

    A．子类继承 Thread 方法　　　　　　B．直接实例化 Thread 对象

    C．实现 Runnable 接口　　　　　　　D．自定义普通类

（3）_____属于子类继承 Thread 类的方式创建线程的步骤。

    A．调用 start( )方法　　　　　　　　B．实例化 Thread 对象

    C．调用 wait( )方法　　　　　　　　D．创建子类继承 Thread

（4）_____不属于 Runnable 接口的方式创建线程的步骤。

    A．调用 start( )方法　　　　　　　　B．创建类实现 Runnable 接口

    C．调用 run( )方法　　　　　　　　　D．创建线程可以提高程序效率

（5）线程的生命周期包括_____。

    A．创建状态　　　B．准备状态　　　C．运行状态　　　D．阻塞状态

    E．死亡状态　　　F．复活状态

（6）关于线程的同步控制机制，说法正确的是_____。

    A．Java 语言无法解决同步问题

    B．同步就是所有线程同时执行

    C．可通过 synchronized 关键字解决同步问题

    D．同步机制可能会引起死锁

（7）线程从_____开始运行。

    A．start( )方法　　　B．run( )方法　　　C．wait( )方法　　　D．notify( )方法

（8）Thread 中 wait( )方法的作用是_____。

    A．使所有的线程等待　　　　　　　　B．使没有锁定的线程等待

    C．使所有的线程死亡　　　　　　　　D．使没有锁定的线程死亡

（9）Thread 中 notify( )方法的作用是_____。

    A．唤醒当前线程　　　　　　　　　　B．使当前线程解锁

    C．唤醒所有线程　　　　　　　　　　D．使所有线程解锁

（10）关于死锁问题，正确的说法是_____。

    A．Java 中无法解决死锁　　　　　　　B．可通过 notify( )方法解决死锁

    C．设计程序应避免死锁　　　　　　　D．死锁表示线程进入了死亡状态

2．编程题

① 编写程序，有 3 个线程，分别为 S，H，E，每个线程执行的操作是分别在屏幕上循环 5 次输出 S is singing!，H is dancing!，E is speaking!，运行多次观察各个线程是如何被处理器执行的。

② 编写程序，利用同步控制机制控制上题中的屏幕输出，让每个线程按顺序执行，一个线程输出完毕，另一个线程再输出。

第 9 章 聊天室中的数据库功能

本章简介

第 8 章我们学习了线程编程的知识，实现了聊天室的一对多聊天功能。本章我们将学习数据库的编程知识，重点讲解数据库的连接和增、删、改、查基本操作，运用数据库编程技术实现聊天室的注册和登录功能。

9.1 项目任务与目标——利用数据库管理聊天记录

工作任务

1. 实现聊天室的登录功能。
2. 实现聊天室的注册功能。

技能目标

1. 学会使用 JDBC-ODBC 桥连接方式连接数据库。
2. 学会使用纯 Java 方式连接数据库。
3. 能够熟练地编写 Java 的数据库操作程序。
4. 能够熟练地使用表格组件浏览数据记录。

本章术语

> JDBC——数据库连接技术
> Connection——连接接口
> Statement——操作数据库接口
> ResultSet——结果集接口
> JDBC URL——标识数据库
> ODBC——开放式数据库连接
> PreparedStatement——预处理 SQL 接口

9.2 技能训练

9.2.1 使用 JDBC 连接数据库

训练任务

利用 JDBC 建立与 Microsoft SQL Server 中的 student 数据库的连接，连接成功后，在控制台输出 "连接成功"，否则输出 "连接失败"。

技能要点

① 理解 JDBC 的工作原理。
② 配置 ODBC 数据源。
③ 下载纯 Java 连接 SQL Server2005 的驱动程序 jar 包，并配置路径。
④ 使用 class.forName( )方法加载驱动程序。
⑤ 使用 getConnection( )方法建立连接。

任务准备

在 SQL Server2005 中建立数据库 student，然后在 student 数据库中建立表 student，表结构如表 9-1 所示。

表 9-1   student 表的数据库结构

列　　名	数 据 类 型	说　　明
studid	char(10)	学号
studname	nchar(10)	姓名
studsex	nchar(1)	性别
studtel	char(11)	电话号码
studaddr	nchar(30)	地址
studemail	nchar(30)	电子邮件

在表中增加如表 9-2 所示的数据。

表 9-2   测试用的数据记录

studid	studname	studsex	studtel	studaddr	studemail
200801	刘楠	女	136225635…	北京朝阳…	liunan@…
200802	杜宇	女	136545878…	北京西城…	duyu@…

续表

studid	studname	studsex	studtel	studaddr	studemail
200803	王涛	男	136756789…	北京东城…	wangtao@….
200804	李伟	男	136542522…	北京海淀…	liwei@…
200805	邓超	女	138565654…	北京朝阳…	dengchao@….
200806	李雅	女	13652147…	北京海淀…	liya@…
200807	杨红	女	188574565…	北京丰台…	yanghong@…
200809	刘峰	男	139658565…	北京丰台…	liufeng@…
200810	陈萍	女	136587895…	北京通州…	chenping@…
200811	李亚楠	男	150254578…	北京丰台…	liyanan@…

任务分析

JDBC 是数据库连接技术的简称，提供了连接和访问各种数据库的能力。

JDBC 程序的工作原理如图 9-1 所示。

一般来讲，使用 JDBC 开发数据库的应用可以分为下面的 5 个步骤。

1．装载驱动程序

在开发应用程序时，我们只需正确地加载 JDBC 驱动，正确调用 JDBC API，就可以进行数据库的访问了。

加载驱动程序需要用到 class.forName( )方法，此方法将系统给定的类加载到 Java 虚拟机中。如果系统中不存在指定的类，则会引发异常，异常的类型为 ClassNotFoundException。

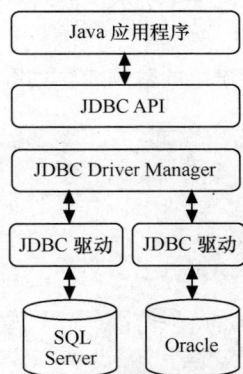

图 9-1　JDBC 程序工作原理

当前有两种常用的驱动程序：第一种是 JDBC-ODBC 桥连接，适用于个人的开发与测试，它通过 ODBC 与数据库进行连接；另外一种是纯 Java 驱动方式，它直接同数据库进行连接。在生产型开发中，推荐使用纯 Java 驱动方式。

（1）JDBC-ODBC 桥连接

JDK 中已经包含了 JDBC-ODBC 的驱动，驱动类的名称为：

sun.jdbc.odbc.JdbcOdbcDriver

加载该驱动的示例代码如下。

```
try{
    Class.forName("sun.jdbc.odbc.JdbcOdbcDriver");
    } catch (ClassNotFoundException ce) {
        System.out.print(ce);
    }
```

要使用桥连接方式，需要首先配置数据源。配置数据源的主要步骤如下。

① 单击【开始】/【管理工具】/【数据源】选项，打开【ODBC 数据源管理器】对话框，如图 9-2 所示。

② 选择【系统 DSN】选项卡，单击【添加】按钮，出现【创建新数据源】对话框，如图 9-3

183

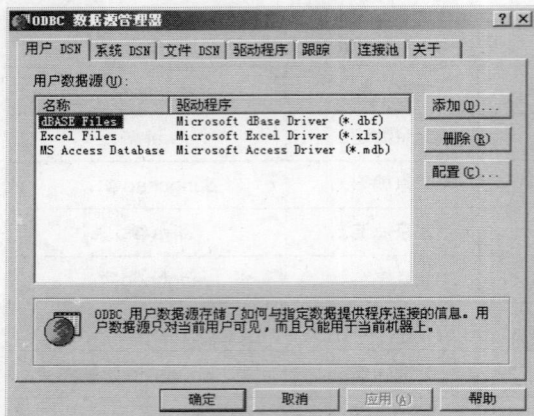

图 9-2 ODBC 数据源管理器

图 9-3 创建新数据源

所示。

③ 选择 SQL Server 选项，单击【完成】按钮，出现【创建到 SQL Server 的新数据源】对话框，如图 9-4 所示，输入数据源的名称和服务器名称。

④ 单击【下一步】按钮，选择验证方式后，再次单击【下一步】按钮，更改默认数据库为想要连接的数据库，如图 9-5 所示。

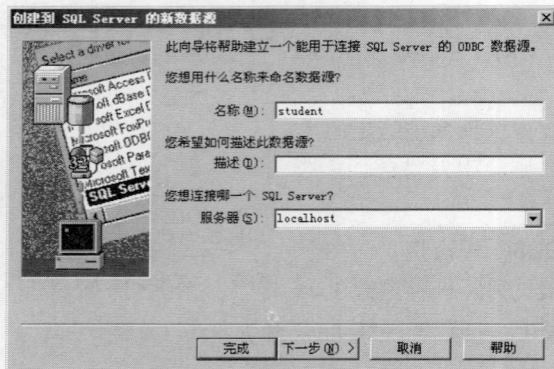

图 9-4 创建数据源

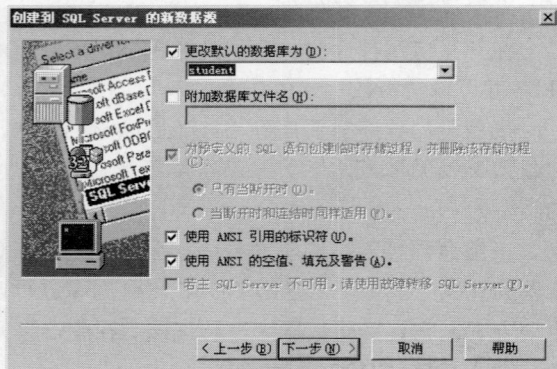

图 9-5 选择数据库

⑤ 单击【下一步】按钮，打开的对话框显示默认配置，单击【完成】按钮，打开【ODBC Microsoft SQL Server 安装】对话框，如图 9-6 所示，单击【测试数据源】按钮，可以查看数据源是否配置成功。测试成功后，单击【确定】按钮，数据源名称出现在【系统 DSN】选项卡中。至此，数据源配置成功。

（2）纯 Java 驱动

纯 Java 驱动由 JDBC 驱动直接访问数据库，驱动程序完全由 Java 语言编写，运行时速度快，而且具备了跨平台的特点。但是，由于这类驱动是由数据库厂商特定的，一种驱动只对应一种数据库，因此访问不同的数据库需要下载专门的驱动。本书使用的是 SQL Server2005 数据库，可以从微软公司的官方网站下载驱动程序 jar 包（sqljdbc.jar）。取得 jar 包后，将 jar 包所在的路径加到 CLASSPATH 中。微软公司提供的连接 SQL Server 的驱动类的名称为：

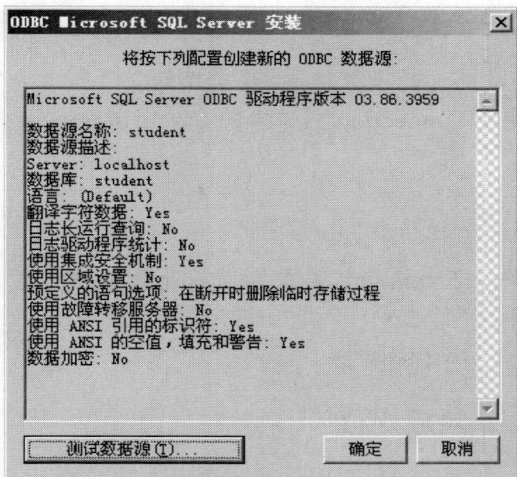

图 9-6　测试连接

com.microsoft.sqlserver.jdbc.SQLServerDriver

加载驱动程序的示例代码如下。

```
try{
    Class.forName("com.microsoft.sqlserver.jdbc.SQLServerDriver");
    } catch (ClassNotFoundException ce) {
        System.out.print(ce);
    }
```

2．建立与数据库的连接

在装载了驱动程序后，使用 DriverManager 类的静态方法 getConnection()，建立到给定数据库的连接。该方法接受 3 个参数，分别为数据库连接字符串、用户名和密码，其中用户名和密码是可选的。数据库连接字符串提供标识数据库的方法，是由 JDBC 驱动程序提供的。使用不同的 JDBC 驱动，其连接字符串也是不同的。getConnection()方法将返回 Connection 接口的实例。

（1）JDBC-ODBC 桥连接的连接字符串

jdbc:odbc:student　(student 是我们建立的数据源的名称)

（2）纯 Java 驱动连接 SQL Server2005 的连接字符串

jdbc:sqlserver://localhost:1433;DatabaseName=student

localhost:本机，1433: sql 服务的端口号

提示：如果连接网络中的数据库，可以用服务器的 IP 代替 localhost。

如：jdbc:sqlserver://192.168.0.17:1433;DatabaseName=student

以纯 Java 驱动连接 SQL Server 数据库的示例代码如下。

```
try {
Stringurl="jdbc:sqlserver://localhost:1433;DatabaseName=student";conn=DriverMan
ager.getConnection(url,"sa","sa");
    } catch (SQLException ce) {
      System.out.print(ce); }
```

3．发送 SQL 语句

建立连接后，就可以向数据库发送 SQL 语句了。JDBC API 提供了 Statement 接口，用于向数据库发送 SQL 语句。可以使用 Connection 接口中的 CreateStatement( )方法创建对象，用于发送 SQL 语句。

4．处理结果

如果执行的是查询操作，Statement 对象在执行完查询操作后，会将查询结果以结果集（ResultSet）对象的形式返回。

步骤 3 和 4 将在下面的案例中详细讲解。

5．关闭数据库连接，释放资源

访问完某个数据库后，应当关闭数据库连接，释放与连接有关的资源。关闭连接可以使用 connection 对象的 close( )方法。

程序实现

每个示例中都需要建立数据库的连接，为了便于管理，并提高代码的复用性，单独建立一个类 DBconn，专门负责建立数据库的连接和关闭等操作。在该程序中，将 JDBC-ODBC 桥连接和纯 Java 驱动两种方式的数据库连接放到一起。

```
/*文件: DBconn.java
 *建立数据库的连接
 * 关闭数据库
 */
import java.sql. *;
public class DBconn {
    private static Connection conn=null;
    /*使用 JDBC-ODBC 桥连接
    /参数 i 并没有实际的作用，只是将两种驱动放在一个类里使用一个方法名，方法重载的需要。使用时可
根据实际情况选择一种方法即可*/
    public static Connection getConnection(int i) {
      try {
          Class.forName("sun.jdbc.odbc.JdbcOdbcDriver");//桥连接时，装载驱动
      } catch (ClassNotFoundException ce) {
          System.out.print(ce);
      }
      try {
          String url="jdbc:odbc:student";//桥连接的连接字符串，student 为数据源
          String user="sa";              //用户名
          String password="sa";          //密码
          conn=DriverManager.getConnection(url,user,password);//获得连接对象
      } catch (SQLException ce) {
          System.out.print(ce);
      }
```

```java
        return conn;
    }
    //使用纯Java驱动方式
    public static Connection getConnection(){
        try {
        Class.forName("com.microsoft.sqlserver.jdbc.SQLServerDriver");//纯Java连
                                                    //接，装载驱动

        } catch (ClassNotFoundException ce) {
            System.out.print(ce);
        }
        try { String
            url="jdbc:sqlserver:   //localhost:1433;DatabaseName=student";
            String user="sa";      //用户名
            String password="sa"; //密码
            conn=DriverManager.getConnection(url,user,password);//获得连接

        } catch (SQLException ce) {
            System.out.print(ce);
        }
        return conn;
    }
    //关闭数据库连接
    public static void close(Connection con){
        try{
        if(con!=null&&con.isClosed()){
          con.close();
        }
        }catch(SQLException ex){
            System.out.println(ex);
        }
    }
    //测试
    public static void main(String []args){
        Connection con=DBconn.getConnection(1);
        if (con!=null)
            System.out.println("连接成功");
        else
            System.out.println("连接失败");
        con=DBconn.getConnection();
        if (con!=null)
            System.out.println("连接成功");
        else
            System.out.println("连接失败");
    }
}
```

9.2.2　使用 JDBC 实现数据库操作

训练任务

在 9.2.1 节的任务中，我们建立了与 student 数据库的连接，获取了 Connection 对象之后，就可以进行数据库操作了。该任务要求查询 student 数据库中 student 表的所有信息并显示在控制台上，然后添加一条记录到 student 表中。

学号：200820，姓名：王刚，性别：男，电话：17656789，地址：北京，电子邮件：wanggang@…

技能要点

① 利用 Connection 对象的 createStatement( )方法建立 Statement 对象。

② 利用 Statement 对象的 executeQuery( )方法执行 SQL 语句进行查询，将查询结果存放到结果集 ResultSet 对象中。

③ 利用 Statement 对象的 executeUpdate( )方法执行 SQL 语句进行数据的增、删、改操作。

④ 使用 ResultSet 对象的相关方法从结果集中读取数据。

任务分析

对数据的基本操作主要是指对数据的添加、修改、删除和查询操作。利用 Statement 接口提供的各种方法可以完成这些操作。

1. 创建 Statement 对象

可以使用 Connection 对象的 createStatement( )方法。例如：

```
Statement stmt=conn.createStatement();
```

createStatement( )方法可以带两个参数，来确定结果集的类型，参数类型和取值如表 9-3 所示。

表 9-3　　　　　　　　　　　　　createStatement( )方法的参数

参　　数	取　　值	说　　明
1：int　resultSetType	ResultSet.TYPE_FORWARD_ONLY	浏览结果集时，指针只能向前，这是默认值
	ResultSet.TYPE_SCROLL_INSENSITIVE	可滚动，不反映数据变化
	ResultSet.TYPE_SCROLL_SENSITIVE	可滚动，反映数据变化
2：int　resultConcurrency	ResultSet.CONCUR_READ_ONLY	不可进行更新操作
	ResultSet.CONCUR_UPDATABLE	可以进行更新操作（默认值）

2. Statement 对象执行数据操作的方法

Statement 接口提供了很多基本的数据库操作方法，下面列出了执行 SQL 命令的 3 种方法。

① ResultSet executeQuery(String sql)：可以执行 SQL 查询并获取 ResultSet 对象。

② int excuteUpdate(String sql)：可以执行 Update insert delete 操作，返回值是执行该操作所影响的行数。

③ boolean excute(String sql)：这是一个最为一般的执行方法，可以执行任意 SQL 语句，然后

获得一个布尔值，表示是否返回 ResultSet。

3. ResultSet 结果集

ResultSet 接口提供了对结果集进行处理的各种方法。Statement 对象在执行 executeQuery( )方法时会返回一个 ResultSet 对象，该对象中封装了表格类型的查询结果。对结果集信息的处理是逐行进行的。ResultSet 中维持着一个指向记录的标记（指针），该指针开始时指向第一条记录之前。可以使用移动指针的方法修改指针，使其指向相应的记录。该接口中常用的重要方法如表 9-4 所示。

表 9-4　　　　　　　　　　　　　　　ResultSet 的方法

方　　法	功　　能
boolean next( )	指针（游标）移到下一条记录
boolean previous( )	指针移到前一条记录
boolean first( )	指针移到第一条记录
boolean last( )	指针移到最后一条记录
boolean isFirst( )	判断指针是否指向第一条记录
boolean isLast( )	判断指针是否指向最后一条记录
boolean absolute(int n)	将指针指向参数指定的记录
String get×××(int n | String name)	返回指定类型的字段的值
close	关闭 ResultSet 对象

其中：get×××( )用于返回结果集中当前行的某列的值。×××是数据类型的名称，可以是 Byte，String，Int 等。获取数据时，可以用 int n 参数指定列号，也可以用 String name 参数指定列名。

注意：要对结果集进行滚动操作时，createStatement( )方法的参数一定要设置为可滚动的结果集。

4. 异常

使用 Statement 和 ResultSet 在对数据进行操作时，需要捕获并处理异常：SQLException。

程序实现

对数据的操作其实可以分为两种：更新和查询。因为在一个数据库应用程序里面，会对数据进行多次的查询和更新操作。为了更好的管理和代码的复用，将对数据的两种操作封装在一个类 DBUtil 中。类 DBUtil 中使用了 9.2.1 节中 DBconn 类的静态方法 getConnection( )获得数据库的连接。DBUtil.java 的关键代码如下。

```
/*
 * 类 DBUtil，提供两个成员方法，实现对数据的操作
 */
import java.sql. *;
public class DBUtil {
    private Connection conn;
    private Statement s;
    private ResultSet rs;
```

```
    // dateQuery 方法接受 SQL 语句，实现查询操作，并返回查询结果集
      public ResultSet dateQuery(String sql) {
          conn = DBconn.getConnection();
          try {
  s=conn.createStatement(ResultSet.TYPE_SCROLL_SENSITIVE,ResultSet.CONCUR_UPDATABLE);
            rs = s.executeQuery(sql);
          } catch (SQLException ce) {
              System.out.print(ce);
          }
          return this.rs;
      }
    // dateUpdate 方法接受插入、修改、删除的 SQL 语句，实现对数据表的数据增、删、改，返回结果为操
    //作是否成功
      public boolean dateUpdate(String sql) {
          conn = DBconn.getConnection();
          try {
            s=conn.createStatement();
           //pst = conn.prepareStatement(sql);
            int i = s.executeUpdate(sql);
            if(i!=-1){
                return true;
            }
          } catch (SQLException ce) {
              System.out.print(ce);
          } finally {
            try {
              s.close();
              conn.close();
            } catch (Exception ce) {
              ce.printStackTrace();
            }
          }
          return false;
      }
  }
```

编写 main()方法，测试数据库的连接操作，实现该任务。

```
public static void main(String []args){
      try{
      DBUtil dbop=new DBUtil(); //生成数据操作类 DBUtil 的对象
      String sql="Select * from student"; //查询语句
      ResultSet rs=dbop.dateQuery(sql); //使用 DBUtil 类的成员方法，生成结果集对象 rs
      //利用循环语句输出每一行记录的学号、姓名、性别
      while(rs.next()){
  System.out.println(rs.getString("studid")+rs.getString("studname")+rs.getString
("studsex"));
      }
      //增加记录
      sql="insert into student values ('200820','王刚','男','17656789','北京
```

```
','wanggang@…')";
           //调用更新数据方法
           dbop.dateUpdate(sql);
        }catch(SQLException ex){
           ex.printStackTrace();
        }
     }
```

9.2.3　在 GUI 中，实现学生通讯录增、删、改及浏览操作

训练任务

实现一个简单的通讯录，前台用 Swing 组件实现 GUI，后台使用 student 数据库，数据表为 student。程序运行的初始界面如图 9-7 所示。

初始窗体文本框中的内容初始是不能被编辑的，显示的是 student 表中的第一条记录的内容。

当单击【增加】按钮时，【保存】按钮变为可用状态，各个文本框和单选按钮也变为可用状态，同时清空文本框的内容，焦点放到第一个文本框中。输入数据后，单击【保存】按钮可以将新记录保存到数据表中。

单击【修改】按钮时，除了【学号】文本框不可修改外，其他文本框均可以修改，单选按钮变为可用状态，【保存】按钮也变为可用状态，焦点放到【姓名】文本框中，此时可以修改数据。修改完成后，单击【保存】按钮，可以对表中数据作相应修改。

图 9-7　初始界面

单击【保存】按钮，成功保存记录后，【保存】按钮变为不可用状态。

单击【删除】按钮后，会弹出【确认】对话框，如果选择确认删除，将删除当前显示的记录。

单击【首页】、【上一页】、【下页】、【最后一页】按钮可以浏览数据表中的数据。

任务准备

各个控件 name 属性设置列表如表 9-5 所示。

表 9-5　　　　　　　　　　　　　　　name 属性设置列表

组　　件	属　　性
JLabel	head: 上面图片 label[6]：学号-电子邮件 6 个标签
JTextField	text[5]：学号-电子邮件 5 个文本框
JRadioButton	male ,female
ButtonGroup	group
Button	button[8]：下面 8 个按钮

初始界面是使用 Swing 组件实现的 GUI，可参考下面的代码自己实现。

```java
//窗体的构造方法中将会调用该方法，添加窗体的各个控件
public void jinit(){
    //存放标签的文本
    String [] lblText={"学号","姓名","性别","联系电话" ,"住址","电子邮件"};
    //存放按钮的文本
    String [] btnText={"增加","修改","删除","保存","首页","上一页","下页","最后
                       一页"};

    int i;
    //内容面板
    contPane=new JPanel(null);
    this.setContentPane(contPane);
    //将内容面板分为 3 部分，上面图片，中间 centerPane 面板上放置标签、文本框、性别的单
    //选按钮
    //下面 bottomPane 面板上放置按钮组（8 个按钮）
    head=new JLabel(new ImageIcon("images\\head.jpg"));
    head.setBounds(0,0,400,100);
    centerPane=new JPanel(new FlowLayout(0,20,10));
    centerPane.setBounds(0,110,400,220);
    bottomPane=new JPanel(new FlowLayout(1,30, 20));
    bottomPane.setBounds(0, 320,400,100);
    sexPane=new JPanel();
    //生成标签
    for(i=0;i<=5;i++){
        label[i]=new JLabel(lblText[i]);
        label[i].setHorizontalAlignment(JLabel.RIGHT);
    }
    //文本框
    for(i=0;i<=4;i++){
        text[i]=new JTextField(25);
    }
    //按钮数组
    for(i=0;i<=7;i++){
        button[i]=new JButton(btnText[i]);
    }
    //保存按钮初始不可用
    button[3].setEnabled(false);
    //性别单选按钮
    male=new JRadioButton("男");
    female=new JRadioButton("女");
    group=new ButtonGroup();
    group.add(male);
    group.add(female);
    sexPane.add(male);
    sexPane.add(female);
    //中间面板上添加控件
```

```
        centerPane.add(label[0]);
        centerPane.add(text[0]);
        centerPane.add(label[1]);
        centerPane.add(text[1]);
        centerPane.add(label[2]);
        centerPane.add(sexPane);
    //为了达到更好的效果，可以添加空隙
        Component space=Box.createHorizontalStrut(130);
        centerPane.add(space);
        centerPane.add(label[3]);
        centerPane.add(text[2]);
        centerPane.add(label[4]);
        centerPane.add(text[3]);
        centerPane.add(label[5]);
        centerPane.add(text[4]);
        //下面面板上添加按钮数组
        for(i=0;i<=7;i++){
          bottomPane.add(button[i]);
          button[i].addActionListener(this); //按钮注册事件监听
        }
        //将头、中间、下面 3 部分添加到内容面板上
        contPane.add(head);
        contPane.add(centerPane);
        contPane.add(bottomPane);
    }
```

技能要点

① 进一步理解 JDBC 的工作原理。

② 熟练使用 Statement 对象和 ResultSet 对象。

③ 利用相关方法从结果集中读取数据，并显示在控件中。

④ 能够根据控件中的内容，构造要执行的 SQL 语句。

⑤ 能够结合 Swing 组件及事件处理实现简单的数据库应用程序。

任务分析

在 9.2.2 节中的 DBUtil 类中，我们封装了两个操作数据的方法：dateQuery( )和 dateUpdate( )。前者接收查询字符串，返回查询结果集（ReusltSet 对象）；后者可以接收 update，insert，delete 3 种操作数据的字符串，实现对数据表的增、删、改操作。

1．在窗体控件中显示结果集当前行的信息

使用 ResultSet 对象的 get×××( )方法可以获取结果集某个列的值，其中×××是列的数据类型的名称。该方法需要列的名称或者列号。列的名称是作为字符串处理的，需要将列名放在 "" 中。列号是从 1 开始计算的，按我们建表时的顺序依次取值。该方法会抛出 SQLException 异常类，使用该方法时需要捕获并处理这个异常。

关键代码如下。

```
//方法display()，将rs的当前行的信息显示到窗体控件中
public void display(){
    try{
    text[0].setText(rs.getString("studid"));
    text[1].setText(rs.getString("studname"));
    if(rs.getString("studsex").equals("女")){
       female.setSelected(true);
    }
    else{
       male.setSelected(true);
    }
    text[2].setText(rs.getString("studtel"));
    text[3].setText(rs.getString("studaddr"));
    text[4].setText(rs.getString("studemail"));
    }catch(SQLException e){
       e.printStackTrace();
    }
}
```

2．改变窗体控件的可用性

因为将增、删、改、浏览放置到一个窗体上，为了数据的安全性，在浏览状态下，数据是不能被编辑的，而单击了【增加】或者【修改】按钮后，希望控件变为可修改的。

关键代码如下。

```
//更改输入按钮的可编辑性、可用性
public void textEnabled(boolean b){
  if(b){
    for(int i=0;i<=4;i++){
      text[i].setEditable(true);
    }
    female.setEnabled(true);
    male.setEnabled(true);
  }
  else{
    for(int i=0;i<=4;i++){
      text[i].setEditable(false);
    }
    female.setEnabled(false);
    male.setEnabled(false);
  }
}
```

3．构造 SQL 语句

（1）数据库操作的相关语句

查询记录：Select 列名　from 表名　where 　条件

增加记录：Insert into　表名[字段列表] values (值列表)

修改记录：Update　表名　set　列＝值，...Where　条件

删除记录：Delete from　表名　where　条件

如：将学号为 200801 的学生的姓名改为"王然"

```
Update student set studname='王然'where studid='200801'
```

（2）注意要点

在 SQL 语句中，常量字符串是用单引号括起来的。当利用控件中的数据作为 SQL 语句的值时，要注意两个问题。

① 数据类型的转换。

② 单引号不能丢。

例如：新增一条记录时，将文本框和单选按钮中的值作为新记录的各个列的值存入数据库，insert 语句的写法如下。

```
String sql=null;
    String sex=null;
sex=male.isSelected()?"男":"女";
sql="insert into student values ('";
    sql=sql+text[0].getText().trim()+"',";
    sql=sql+"'"+text[1].getText().trim()+"',";
    sql=sql+"'"+sex+"',";
    sql=sql+"'"+text[2].getText().trim()+"',";
    sql=sql+"'"+text[3].getText().trim()+"',";
    sql=sql+"'"+text[4].getText().trim()+"')";
```

语句看起来的确很复杂，如果字段的类型不是文本类型的，还需要进行格式转换。

小技巧：刚开始编程时，程序出错后操作者常常不知所措，即使 SQL 语句写错了，也不知道怎么检查，最好的方法就是构造好 SQL 语句后，把它输出到控制台上，检查是否是正确的 SQL 语句。

4．结果集的浏览

对结果集信息的处理是逐行进行的，ResultSet 对象中维持着一个指向记录行的标记（指针），该指针开始时指向第一条记录之前，可以使用 ResultSet 对象提供的 rext()，previous()，last()，first() 方法修改指针使其指向相应的记录。这些方法会抛出 SQLException 异常类，使用时需要捕获并处理这个异常。

提示：修改指针指向时，要注意操作的可用性，如：已经是第一条记录，再使用 previous( )方法将会出错。

程序实现

类的名称为 studentUpdate。

1．程序启动后，显示数据表中的第一条记录

说明：jinit( )方法的具体实现参见 9.2.3 节"任务准备"中的参考代码。

```
public StudUpdate(){
    this.setDefaultCloseOperation(EXIT_ON_CLOSE);
```

```
        this.setSize(400, 500);
        this.setLocation(300,200);
        this.setTitle("学生通讯录");
        //窗体初始化，添加各个控件
        jinit();
        this.setVisible(true);
        //数据查询，生成查询结果集 rs
        try{
          rs=new DBUtil().dateQuery("select * from student");   //调用 DBUtil 的方法，
                                                                 //装载驱动，获得连接，
                                                                 //执行查询

          rs.first();//指向结果集第 1 条记录
        }catch(Exception e){
          e.printStackTrace();
        }
        //所有接收输入的控件变为不可编辑
        textEnabled(false);
        //在相应控件上显示 rs 中当前行的信息
        display();
    }
```

2.【浏览】按钮的事件处理程序

该案例中，直接实现了 ActionListener 接口，为各个按钮注册了监听后，各个按钮共享一个事件处理程序。

```
public void actionPerformed(ActionEvent e)
```
在 Jinit()方法中，给按钮注册监听。
```
for(i=0;i<=7;i++){
        bottomPane.add(button[i]);
        button[i].addActionListener(this);  //按钮注册事件监听
    }
```
在事件处理程序中判断事件源，根据事件源作相应的处理。

以下所示的代码均在 actionPerformed()方法中。（ delstud()和 savestud()方法除外 ）4 个浏览按钮为：button[4] ~ button[7]，它们的事件处理是相同的，移动 rs 结果集的指针，并调用 display()方法在窗体上显示当前行的内容。

```
try{
    //【首页】按钮的事件处理
    if(e.getSource()==button[4]){
        rs.first();
        display();
    }
    //【前一页】按钮的事件处理
    if(e.getSource()==button[5]){
        if(!rs.isFirst())  //如果不是第一行，指针向前移动
         rs.previous();
        display();
        System.out.println("success");
    }
```

```
//【下页】按钮的事件处理
if(e.getSource()==button[6]){
  if(!rs.isLast())  //如果不是最后一行，指针向下移动
    rs.next();
  display();
  System.out.println("success");
}
//【最后一页】按钮的事件处理
if(e.getSource()==button[7]){
  rs.last();
  display();
}
}catch(Exception ex){
    ex.printStackTrace();
  }
```

3.【增加】按钮的事件处理

单击【增加】按钮后，要完成的功能：清空各个控件，并使各个输入控件变为可以编辑状态，同时使【保存】按钮可用。

单击【增加】按钮的运行效果如图 9-8 所示。

图 9-8　单击【增加】按钮运行效果图

```
//【增加】按钮的事件处理
    if(e.getSource()==button[0]){
      flag=0;//该变量决定保存操作时，是增加还是更新
    //【保存】按钮变为可用
      button[3].setEnabled(true);
```

```
            button[0].setEnabled(false);
        //文本控件变为可编辑

          textEnabled(true);
        //清空文本框内容
          for(int i=0;i<=4;i++){
              text[i].setText("");
          }
        //学号文本框得到焦点
          text[0].requestFocus();
      }
  }
```

4．【修改】按钮的事件处理

单击【修改】按钮后，要完成的功能：输入控件变为可以编辑状态，学号的文本框仍然不可用，同时使【保存】按钮可用。单击【修改】按钮的运行效果如图 9-9 所示。

图 9-9　单击【修改】按钮运行效果图

```
//【修改】按钮的事件处理
    if(e.getSource()==button[1]){
        flag=1;//【保存】按钮执行的是更新操作
        button[3].setEnabled(true);
        textEnabled(true);
        text[0].setEditable(false);
        text[1].requestFocus();
        //修改
        button[1].setEnabled(false);
    }
```

5.【保存】按钮的事件处理

单击【保存】按钮，才真正完成了对数据表的增加或者修改操作。

```
//【保存】按钮的事件处理
if(e.getSource()==button[3]){
    savestud(flag);  //保存方法
```

savestud()方法：因为修改和增加两种操作都会用到 savestud()方法，所以该方法接收一个整型参数，标记对数据表是新增还是修改。

```
public void savestud(int i){
String sql=null;
String sex=null;
sex=male.isSelected()?"男":"女";
//i 为 0 时新增记录
if(i==0){
//构建 SQL 语句，要注意单引号不能丢
    sql="insert into student values ('";
    sql=sql+text[0].getText().trim()+"',";
    sql=sql+"'"+text[1].getText().trim()+"',";
    sql=sql+"'"+sex+"',";
    sql=sql+"'"+text[2].getText().trim()+"',";
    sql=sql+"'"+text[3].getText().trim()+"',";
    sql=sql+"'"+text[4].getText().trim()+"')";
    System.out.println(sql);
}
//修改记录
else{
    //构建 SQL 语句，要注意单引号不能丢
    sql="update student set studname='";
    sql=sql+text[1].getText().trim()+"'";
    sql=sql+",studsex='"+sex+"'";
    sql=sql+",studtel='"+text[2].getText().trim()+"'";
    sql=sql+",studaddr='"+text[3].getText().trim()+"'";
    sql=sql+",studemail='"+text[4].getText().trim()+"'";
    sql=sql+"where studid='"+text[0].getText().trim()+"'";
    System.out.println(sql);
}
//使用 DBUtil 的 dateUpdate 方法更新表数据
new DBUtil().dateUpdate(sql);
try{
//更新完数据表后，重新获取结果集
rs= new DBUtil().dateQuery("select * from student");
rs.last();
display();
}catch(SQLException ex){
```

```
        ex.printStackTrace();
    }
    button[0].setEnabled(true);
    button[1].setEnabled(true);
    button[3].setEnabled(false);
    textEnabled(false);
    }
```

6.【删除】按钮的事件处理

```
//【删除】按钮的事件处理，此段代码在事件处理程序 actionPerformed（）中
        if(e.getSource()==button[2]){
            delstud(); //调用删除方法
        }
    //删除方法
    public void delstud(){
        String sql=null;
        //确认删除
        int n=JOptionPane.showConfirmDialog(this,"确定要删除当前记录吗？","确认对话
框",JOptionPane.YES_NO_OPTION);
        //单击对话框的【确认】按钮后，删除当前记录
        if(n==JOptionPane.YES_OPTION){
            //构造删除 SQL 语句
        sql="delete from student where studid='";
          sql=sql+text[0].getText().trim()+"'";
        new DBUtil().dateUpdate(sql);//调用 DBUtil 对象的更新数据方法更新数据
        try{
            rs.refreshRow(); //刷新记录集，使删除操作的效果可见
            display();
            }catch(SQLException ex){
            ex.printStackTrace();
            }
        }
    }
```

9.2.4　使用表格查询学生通讯录

训练任务

　　在 9.2.3 节的任务中，我们实现了在基本控件中显示单个学生的通信信息。Swing 提供了高级控件 JTable，使用该控件可以将数据库一个表的信息完全显示，或者按某种查询条件显示结果集的所有信息。程序的运行界面如图 9-10 所示。

　　可以根据用户的输入和选择，实现组合的模糊查询，在表格中显示查询的结果。

　　例如，在电话号码的组合框中选择 136，单击【查询】按钮，将显示所有电话号码为 136 号段的学生。结果如图 9-11 所示。

图 9-10　运行界面

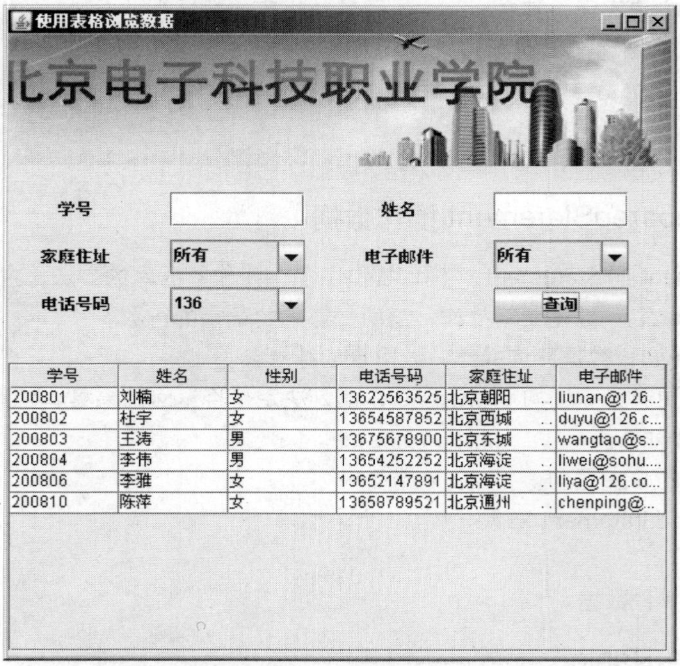

图 9-11　查询电话 136 号段的学生的结果

技能要点

① 能够使用带参数的 SQL 语句，创建 PreparedStatement 对象。

② 能够使用 PreparedStatement 查询数据。

③ 能够使用默认的表格数据模型（DefaultTableModel）建立表格。

④ 对表格数据进行维护和处理。

⑤ 复杂查询的使用。

⑥ 进一步理解数据库操作的基本方式。

任务分析

1. PreparedStatement 接口

PreparedStatement 接口继承自 Statement 接口，PreparedStatement 比普通的 Statement 对象使用起来更加灵活，更有效率。

PreparedStatement 对象包含已编译的 SQL 语句，SQL 语句可以指定一个或者多个参数。这些参数的值在 SQL 语句创建时未被指定，而是为每个参数保留一个问号（"?"）作为占位符。

以下的代码段（其中 conn 是 Connection 对象）创建了包含两个输入参数的 SQL 语句的 PreparedStatement 对象。

```
PreparedStatement prst=conn.preparedStatement(update student set studname=?
Where studid=?)
```

在使用 PreparedStatement 对象执行 SQL 语句的方法之前，必须设置每个参数的值。通过调用该对象的 set×××方法实现，其中×××是跟参数相应的数据类型。如，setInt，setString 等。该方法需要两个参数，第 1 个参数是要设置的输入参数的序数位置，从 1 开始计数；第 2 个参数是设置给输入参数的值。例如：

```
setString(1,"王楠");
setString(2,"200801");
```

2. 使用 PreparedStatement 操作数据

PreparedStatement 同 Statement 一样，提供了多个操作数据库的方法，主要的方法如下。

① executeUpdate()：数据更新操作，返回受影响的记录的行数。

② executeQuery()：数据查询操作，返回查询结果集。

③ execute()：更新和查询均可。返回布尔值，决定是否返回结果集。

操作数据的步骤如下。

① 创建带参数的 SQL 语句。

② 生成 PreparedStatement 对象。

③ 设置参数。

④ 执行方法，操作数据。

3. 使用表格 JTable

使用表格 JTable 可以方便、直观地显示多行记录。表格模型（TableModel）是一个接口，在这个接口中定义了很多方法，包括存取表格字段的内容、计算表格的列数等基本操作。

（1）TableModel 接口的实现

Java 中有两个类实现了 TableModel 接口，一个是 AbstractTableModel 抽象类，一个是 DefaultTableModel 实体类。前者实现了 TableModel 接口的大部分方法；后者继承了前者，并且实现了 getColumnCount()，getRowCount()和 getValueAt()方法，实际应用更方便。

（2）DefaultTableModel 的主要方法

DefaultTableModel 的主要方法如表 9-6 所示。

表 9-6　　　　　　　　　　　　DefaultTableModel 的主要方法

方　　　　法	功　　　能
DefaultTableModel()	建立一个表格模型
DefaultTableModel（int row，int col）	建立指定行列数的表格模型
DefaultTableModel（Vector data，vector colname）	建立一个表格模型，指定列名称和数据格式
DefaultTableModel（vector colname，int row）	建立一个表格模型，指定列名称和行数
Int getColumnCount()	返回字段数
Int getRowCount()	返回数据行数
Void setValueAt(Object value，int row，int column)	设置行列交界处字段的值为指定值
Void addColumn（Object name）	添加指定类型和名称的空列
Void addRow（Vector rowData）	增加一行，包含用 vector 向量存储的数据
Void addRow(Object [ ] rowdata)	增加一行，包含用数组存储的数据
Void removeRow（int row）	删除指定的行

（3）由数据模型建立表格

```
JTable table=new JTable(tableModel);
```

（4）向表格中添加数据

① 将行信息存放到 Vector 向量中。

② 使用表格模型的 addRow（Vector rowdata）方法增加行。

程序实现

1．控件

```
JPanel contentPane;//内容面板
JScrollPane jsPane;//放表格的滚动面板
JPanel topPane; //放置查询信息的中间面板
JLabel []label=new JLabel[5];//标签
JLabel head;//图片标签
JButton btnQuery;//查询按钮
JTextField txtId,txtName;//学号、姓名
JComboBox combAddr,combTel,combEmail;// 3个组合框，存放地址、电话、电子邮件
JTable table;//表格
```

```
DefaultTableModel tableModel;//表格模型
Vector title=new Vector();//存放表头信息
ResultSet rs;//结果集
PreparedStatement prst=null;//预处理对象
Connection conn=null;//数据库连接
```

2．创建窗体

生成各个控件及各个控件的布局请自行完成。

在程序运行时，初始将所有学生的信息显示到表格中，表格的初始化及添加数据的代码如下。

```
//存放表格列名称
String []columnName={"学号","姓名","性别","电话号码","家庭住址","电子邮件"};
title=new Vector();
//将列名称放置到向量中
for(int i=0;i<=5;i++){
    title.addElement(columnName[i]);
}
//生成表格模型
tableModel=new DefaultTableModel(title,5);
//用模型对象生成表格对象
table=new JTable(tableModel);
```

3．更新表格中的数据

将查询结果按照行的顺序放到表格中，更新表格的步骤为：

① 清空模型中的数据。

② 从结果集的第 1 行开始，将当前行的各个列值放到行向量中。

③ 将行向量添加到数据模型。

④ 结果集游标向前滚动，重复第 2 步，直到结果集最后一行的后面。

关键代码如下。

```
public void initTable(){
    tableModel.setRowCount(0);//清空模型中的数据
    int i;
    try{
    rs.beforeFirst();//将指针移动到首记录之前
    //循环读取记录，直到结束
    while(rs.next()){
        Vector v1=new Vector();
        //将当前行的信息保存到行向量中
        for(i=1;i<=6;i++){
            v1.addElement(rs.getString(i));
        }
        //将行向量添加到数据模型
        tableModel.addRow(v1);
    }
    }catch(SQLException ex){
```

```
            ex.printStackTrace();
        }
    //表格结构已经改变，发出通知
    tableModel.fireTableStructureChanged();
    }
```

4.【查询】按钮的事件处理程序

```
public void actionPerformed(ActionEvent e){
    try{
    conn=DBconn.getConnection();//调用 DBconn 类静态方法建立数据库连接
    String sql=null;
    //构造带参数的 SQL 语句
    //所有的查询选项是或的关系
     sql= "select * from student where studid=? or studname=? or " +
            "studtel like ? or studaddr like ? or studemail like ? ";
    //生成 PrepareStatement 对象
    prst=conn.prepareStatement(sql);

    //通过控件的数据，取得参数
    String str1=txtId.getText().trim();
    String str2=txtName.getText().trim();
    String str3=combTel.getSelectedItem().toString();
    str3=str3+"%";
    String str4=combAddr.getSelectedItem().toString();
    str4="%"+str4+"%";
    String str5=combEmail.getSelectedItem().toString();
    str5="%"+str5+"%";

    //设置参数
    prst.setString(1, str1);
    prst.setString(2,str2);
    prst.setString(3, str3);
    prst.setString(4,str4);
    prst.setString(5, str5);
    //当所有查询选项都不设置时，返回所有记录，否则按指定条件查询
    if(combAddr.getSelectedItem().toString().equals("所有")
            &&combTel.getSelectedItem().toString().equals("所有")
            &&combEmail.getSelectedItem().toString().equals("所有")
             && txtId.getText().equals("")
             && txtName.getText().equals("")){
        rs=new DBUtil().dateQuery("Select * from student");
    }
    else{
        //预处理对象执行预编译的 SQL 语句
```

```
        rs=prst.executeQuery();
    }
    //查询得到新的结果集，更新表格数据
    initTable();
    }catch(SQLException ex){
        ex.printStackTrace();
    }
}
```

9.3 | 项目学做

9.3.1 聊天室注册功能实现

需求分析

为了保证聊天室信息的安全性和保密性，每位想聊天的客户只有注册为聊天室的合法用户才能登录聊天室，与其他的在线用户聊天。如果没有注册，任何客户都不能进入聊天室。

在应用软件设计时，注册是一个基本的系统功能。通常简单的注册方法是：通过注册接口界面输入注册信息，系统验证信息的有效性，然后将有效信息保存到应用系统的数据库中。聊天室的注册功能就采用这种简单的注册方法。

解决方案

① 创建数据库，添加用户表，用来保存客户注册信息。
② 创建一个客户注册窗口。
③ 利用 JDBC 方式连接数据库。
④ 编程验证客户注册信息并保存到数据库的用户表中。

关键步骤与代码

1．创建数据库，添加用户表，用来保存客户注册信息

在 SQL Server2005 中建立数据库 Chat，然后在 Chat 中建立表 user_table，表结构如图 9-12 所示。

2．创建一个客户注册窗口

① 定义一个 Regist.java 注册窗口类，继承 Frame 框架类。
② 确定注册窗口中用到的所有组件：4 个 JLabel 标签，1 个 JTextField 文本框，2 个 JPasswordField 密码框，2 个 JButton 按钮。
③ 确定窗口的布局方式：内容面板整体采用默认的边界布局方式，在 NORTH 位置放置一个带图标的 JLabel 标签，在 CENTER 位置放置一个 JPanel 容器，JPanel 容器设为网格布局方式，为 4 行

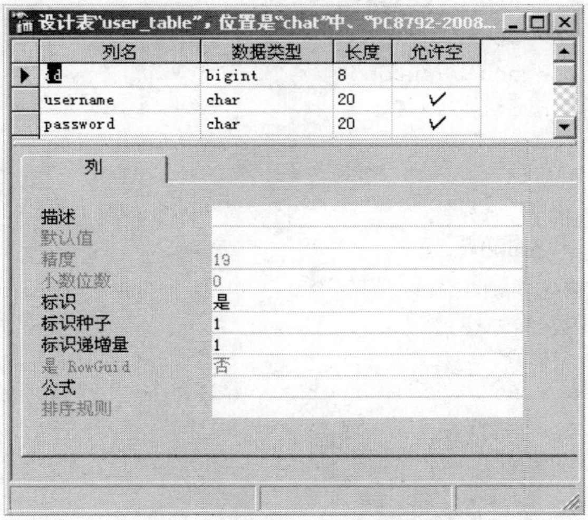

图 9-12 user_table 表的表结构

2 列的网格。

在 Regist.java 中添加如下关键代码。

```java
package chat;
import java.awt. *;
import javax.swing. *;
import java.awt.event. *;
import java.sql. *;
public class Regist extends JFrame {
    JPanel jp;
    JLabel jl_logo, jl_name, jl_pwd, jl_repwd;
    JTextField jtf_name;
    JPasswordField jpf_pwd, jpf_repwd;
    JButton jb_ok, jb_cancel;
    public Regist() {
        try {
            jbInit();
        } catch (Exception exception) {
            exception.printStackTrace();
        } }
    private void jbInit() throws Exception {
        jp = new JPanel(new GridLayout(4, 2, 2, 2));
        jl_logo = new JLabel();
        Icon sentIcon2 = new ImageIcon("title3.gif");
        jl_logo.setIcon(sentIcon2);
        jl_name = new JLabel("请输入各个用户名");
        jl_pwd = new JLabel("请输入密码");
        jl_repwd = new JLabel("请确认密码");
        jtf_name = new JTextField(10);
        jpf_pwd = new JPasswordField(10);
```

```
                jpf_repwd = new JPasswordField(10);
                jb_ok = new JButton("注册");
                jb_cancel = new JButton("取消");
                jp.add(jl_name);
                jp.add(jtf_name);
                jp.add(jl_pwd);
                jp.add(jpf_pwd);
                jp.add(jl_repwd);
                jp.add(jpf_repwd);
                jp.add(jb_ok);
                jp.add(jb_cancel);
                getContentPane().add(BorderLayout.NORTH, jl_logo);
                getContentPane().add(BorderLayout.CENTER, jp);
                Toolkit kit = Toolkit.getDefaultToolkit();
                Dimension dime = kit.getScreenSize();
                setLocation((dime.width - 250) / 2, (dime.height - 200) / 2);
                setTitle("用户注册");
                setSize(250, 220);
                setDefaultCloseOperation(JFrame.EXIT_ON_CLOSE);
                setResizable(false);
                setVisible(true);
        }
        public static void main(String[] args) {
            Regist regist = new Regist();
        }
}
```

3. 利用纯 Java 方式连接数据库，编写一个 DbCon 类，实现数据库的连接

① 从 Sun 网站下载并安装 sql2ksp3。

② 从 Sun 网站下载安装 SQL Server2005 Driver for JDBC Service Pack 3。

③ 安装成功后，设置系统环境变量 CLASSPATH 的值，具体如下所示。

```
install_dir\lib\sqljdbc.jar;
```

④ 打开 Jbuilder，选择【Tools/Configure/Libraries】菜单项，然后在左边的列表框中单击【New】按钮，输入如下内容，Name:JDBC, Location:User Home，然后单击【Add】按钮，加入目录 C:\Program Files\Microsoft SQL Server 2005JDBC\lib，确定。

⑤ 选择【Project/Project Properties】菜单项，然后选择左侧【Paths】，再选择【Required Libraries】选项卡，单击【Add】按钮，添加新建 JDBC 库文件，确定。

⑥ 在 Chat.jpx 工程中新建一个类 DbCon，负责数据库的连接。

DbCon.java 类的代码如下。

```
package chat;
import java.sql. *;
import javax.swing. *;
public class DbCon {
    private static Connection conn=null;
    public static Connection getConnection(String url,String user,String password) {
```

```
      try {
          Class.forName("com.microsoft.jdbc.sqlserver.SQLServerDriver");
      } catch (ClassNotFoundException ce) {}
      try { conn=DriverManager.getConnection(url,user,password);
      } catch (SQLException ce) {
          System.out.print(ce);}
      return conn;}
   public static void main(String[] args) {  // 测试数据库的连接功能
      DbCon dbcon = new DbCon();
      Connection
con=dbcon.getConnection("jdbc:microsoft:sqlserver://localhost:1433;Database
 Name=chat","sa","sa");
      if (con!=null)
      JOptionPane.showMessageDialog(null,"数据库连接成功！");
     else
      JOptionPane.showMessageDialog(null,"数据库连接失败！");
   }}
```

4．编程验证客户注册信息并保存到数据库的用户表中

在注册用户时，首先查询新用户信息是否已经存在，若存在，则提示"此用户已注册！"；否则，将新用户信息保存到数据库的 **user_table** 表中。

```
public void jb_ok_actionPerformed(ActionEvent actionEvent) {
      String name = jtf_name.getText().trim();
      String password = new String(jpf_pwd.getPassword()).trim();
      String repassword = new String(jpf_repwd.getPassword()).trim();
      if (name.equals("") || password.equals("") || repassword.equals("")) {
          JOptionPane.showMessageDialog(null, "请输入完整信息！");
      } else if (!password.equals(repassword)) {
      JOptionPane.showMessageDialog(null, "两次密码不一致，请重新输入！");
      }else{Connectioncon=DbCon.getConnection( "jdbc:microsoft:sqlserver:
//localhost:1433;DatabaseName=chat", "sa", "sa");
      if (con != null) {
      try {
         Statement st = con.createStatement();
         String selstr="select * from user_table where username = '"+name+"' and
password = '"+password+"'";
         ResultSet rs=st.executeQuery(selstr) ;
          if(rs.next() )
             JOptionPane.showMessageDialog(null, "此用户已注册！"); //如果返回的结果集
                                                        //至少有一行，说明
                                                        //该用户已存在
          else
             {
             String instr = "insert into user_table(username,password) values('" +
                       name + "','" + password + "')";
             int n = st.executeUpdate(instr);
```

```
                              if (n != -1)
                               JOptionPane.showMessageDialog(null, "注册成功！");
                              else
                                JOptionPane.showMessageDialog(null, "注册失败！");
                                 }
                          st.close() ;
                          con.close() ;
                          } catch (SQLException ex) {
                          }
                     } else
                      JOptionPane.showMessageDialog(null, "数据库连接失败！");
                 }
         }
```

运行结果

Regist.java 程序的运行结果如图 9-13 所示。

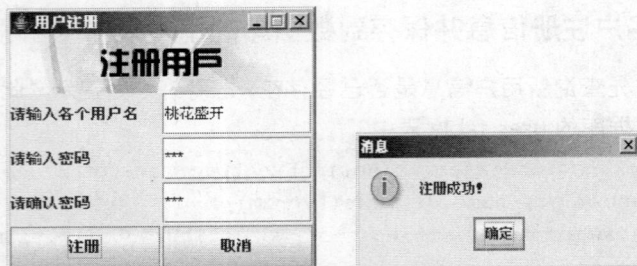

图 9-13　聊天室用户注册窗口

9.3.2　聊天室登录功能实现

需求分析

　　客户在每次进入聊天室时，需要先登录聊天室系统，输入自己的用户名和密码信息，当登录信息通过系统验证，用户被确认为合法的注册客户时，才能进入聊天室与在线客户聊天。

解决方案

　　① 采用 Swing 组件设计用户登录窗口界面。
　　② 使用纯 Java 方式连接 SQL Server2005 数据库。
　　③ 使用 Statement 表达式组件，发送执行 SQL 查询语句，将查询结果返回。

关键步骤与代码

1．设计登录窗口

　　① 定义一个 Login.java 登录窗口类，继承 Frame 框架类。

② 确定登录窗口中用到的所有组件：3 个 JLabel 标签，1 个 JTextField 文本框，1 个 JPasswordField 密码框，2 个 JButton 按钮。

③ 确定窗口的布局方式：内容面板整体采用默认的边界布局方式，在 NORTH 位置放置一个带图标的 JLabel 标签，在 CENTER 位置放置一个 JPanel 容器，JPanel 容器设为网格布局方式，为 3 行 2 列的网格。

在 Login.java 中添加如下关键代码。

```java
package chat;
import java.awt. *;
import javax.swing. *;
public class Login extends JFrame {
    JPanel jp;
    JLabel jl_logo, jl_name, jl_pwd;
    JTextField jtf_name;
    JPasswordField jpf_pwd;
    JButton jb_ok, jb_regist;
    public Login() {
        jp = new JPanel(new GridLayout(3, 2, 2, 2));
        jl_logo = new JLabel();
        Icon setIcon2 = new ImageIcon("title2.gif");
        jl_logo.setIcon(setIcon2);
        jl_name = new JLabel("请输入用户名");
        jl_pwd = new JLabel("请输入密码");
        jtf_name = new JTextField(10);
        jpf_pwd = new JPasswordField(10);
        jb_ok = new JButton("登录");
        jb_regist = new JButton("注册");
        jp.add(jl_name);
        jp.add(jtf_name);
        jp.add(jl_pwd);
        jp.add(jpf_pwd);
        jp.add(jb_ok);
        jp.add(jb_regist);
        getContentPane().add(BorderLayout.NORTH, jl_logo);
        getContentPane().add(BorderLayout.CENTER, jp);
        Toolkit kit = Toolkit.getDefaultToolkit();
        Dimension dime = kit.getScreenSize();
        setLocation((dime.width - 250) / 2, (dime.height - 160) / 2);
        setTitle("登录聊天室");
        setSize(250, 160);
        setResizable(false);
        setVisible(true);
    }
    public static void main(String[] args) {
        Login login = new Login();
    }
}
```

2．实现登录功能

（1）在登录窗口输入用户名和密码后，单击【登录】按钮，执行登录操作

① 判断用户名和密码是否为空。

② 若为空，提示"请输入完整登录信息！"；非空则调用 DbCon 类中的 getConnection()方法连接数据库。

③ 若数据库连接失败，则提示"数据库连接失败！"；若连接成功，则执行数据库的查询操作。

④ 判断查询结果集 rs 是否为空，若为空，则提示"登录失败！"；非空则关闭登录窗口，显示客户聊天窗口，在窗口标题栏提示该用户上线。

在 Login.java 中添加如下关键代码。

```java
public void jb_ok_actionPerformed(ActionEvent actionEvent) {
    String name = jtf_name.getText().trim();
    String password = new String(jpf_pwd.getPassword()).trim();
    if (name.equals("") || password.equals("")) {
        JOptionPane.showMessageDialog(null, "请输入完整登录信息! ");
    } else {
        Connection con = DbCon.getConnection(
            "jdbc:microsoft:sqlserver://localhost:1433;DatabaseName=chat",
            "sa", "sa");
        if (con != null) {
            try {
                Statement st = con.createStatement();
                String selstr =
                    "select * from user_table where username = '" +
                    name + "' and password = '" + password + "'";
                ResultSet rs = st.executeQuery(selstr);
                if (!rs.next()) {
                    JOptionPane.showMessageDialog(null, "登录失败! ");
                } else {
                    this.dispose();
                    Client client = new Client();
                    client.setTitle(jtf_name.getText() + "上线");
                    client.connectServer();
                }
                st.close();
                con.close();
            } catch (SQLException ex) {}
        } else {
            JOptionPane.showMessageDialog(null, "数据库连接失败! ");
        } }}
```

（2）单击登录窗口中的【注册】按钮，打开注册窗口，进行新用户注册

在 Login.java 中添加如下关键代码。

```
public void jb_regist_actionPerformed(ActionEvent actionEvent) {
    this.dispose();
    Regist regist = new Regist();
}
```

运行结果

启动聊天室服务器（如图 9-14 所示），打开登录窗口（如图 9-15 所示），输入登录信息成功登录后显示客户聊天窗口（如图 9-16 所示），在服务器端显示用户连接成功的上线信息，如图 9-17 所示。

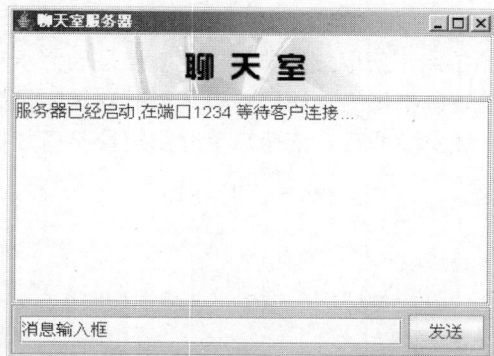

图 9-14 聊天室服务器启动界面

图 9-15 用户"桃花盛开"登录

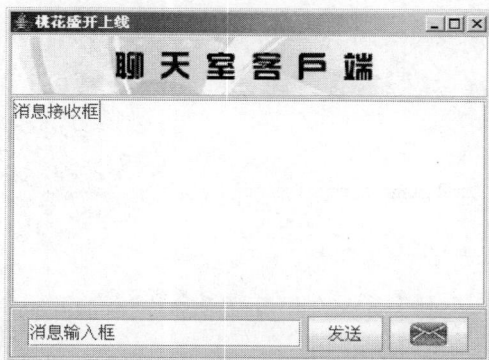

图 9-16 "桃花盛开"登录成功进入聊天室

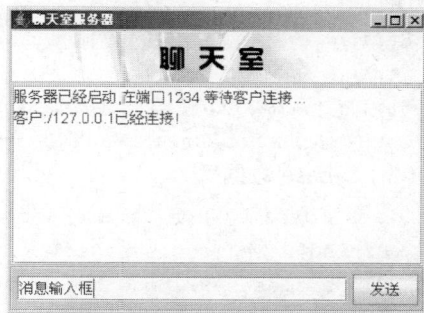

图 9-17 "桃花盛开"成功登录服务器

9.4 项目小结

9.4.1 技能回顾

本章我们学习了 Java 的数据库编程知识，重点讲解了数据库的连接、增加记录、删除记录、修改记录和查找记录等基本操作，并运用数据库编程技术实现了聊天室的注册和登录功能。本章重点讲述了以下内容。

① 如何使用 JDBC 连接数据库。
② 如何使用 JDBC 操作数据库。
③ 如何编写基于 GUI 的 Java 数据库程序。
④ 如何使用 JTable 组件浏览数据库记录。
⑤ 如何连接不同类型的数据库。
⑥ 如何使用存储过程编写数据库程序。

9.4.2　知识拓展

1．用 JDBC 连接不同的数据库

JDBC 纯 Java 驱动因为具有效率高、跨平台的特点，所以应用非常广泛。但是因为驱动程序都是由数据库厂商提供的，所以不同的数据库需要装载不同的驱动程序。下载驱动程序很简单，只需按照数据库的不同版本到数据库的官方网站下载安装即可。下面简单介绍连接不同数据库的 Java 代码。

（1）Oracle8/8i/9i(thin 模式)

```
Class.forName("Oracle.jdbc.driver.OracleDriver");
String url="jdbc:oracle:thin:@localhost:1521:orcl";// orcl 为数据库的 SID
String user="test";
String password="test";
Connection con=DriverManager.getConnection(url,user,password);
```

（2）DB2 数据库

```
Class.forName("com.ibm.jdbc.app.DB2Driver");
String url="jdbc:db2://localhost:5000:sample";// sample 为数据库名
String user="admin";
String password="";
Connection con=DriverManager.getConnection(url,user,password);
```

（3）Sybase 数据库

```
Class.forName("com.sybase.jdbc.SybDriver");
  String url="jdbc:sybase:Tds:localhost:5007/sample";// sample 为数据库名
  Properties sysProps=System.getProperties();
sysProps.put("user","userid");
sysProps.put("password", "user_password");
  Connection con=DriverManager.getConnection(url,sysProps);
```

（4）MySQL 数据库

```
Class.forName("org.gjt.mm.mysql.Driver");
  String url="jdbc:mysql://localhost/sample?user=sa password=sa"; // sample 为数据库名
  Connection con=DriverManager.getConnection(url);
```

2．使用 JDBC 调用数据库存储过程

训练任务

使用存储过程查询学生信息，根据用户输入的地址，查询相应的学生信息，并输出到控制台上。

运行结果如图 9-18 所示。

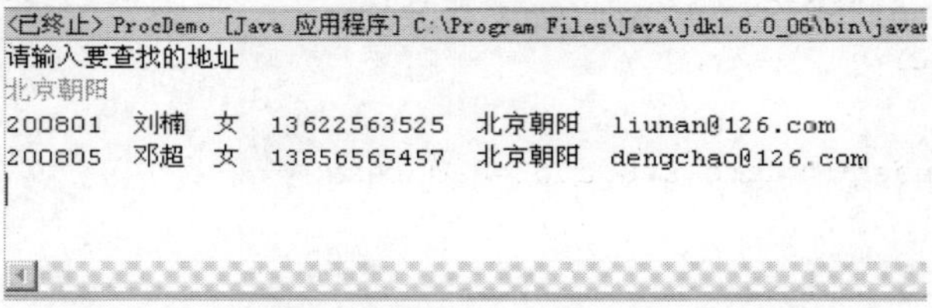

图 9-18　使用存储过程查询学生信息运行结果

技能要点

① 在 SQL Server 中建立存储过程。

② 利用 Connection 对象的 prepareCall( )方法创建 CallableStatement 对象。

③ 能够正确设置输入参数和返回参数。

④ 调用 CallableStatement 对象的 executeQuery( )方法执行查询操作，得到结果集对象。

任务分析

存储过程是一组事先编译好的、能完成特定功能的 SQL 代码，可以作为一个独立的单元被应用程序调用而执行。在执行的时候不必再次进行编译，具有很高的效率。

JDBC 提供了调用存储过程的机制。

（1）CallableStatement 类

在 Java 中利用 CallableStatement 类对象执行数据库中的存储过程。CallableStatement 对象可以通过 Connection 对象的 prepareCall( )方法得到，该方法调用需要一个转义子句字符串参数。

（2）转义子句的语法格式

① 存储过程中没有输入参数和返回参数时，格式为：

```
{call 存储过程名}
```

② 存储过程中有输入参数，没有返回参数时，格式为：

```
{call 存储过程名（?,?,…）}    //用问号占位符表示参数
```

③ 存储过程中有输入参数和返回参数时，格式为：

```
{? = call 存储过程名(?,?…)}
```

（3）设置输入参数

利用 CallableStatement 对象的 set×××(序号，参数值)方法设置输入参数。其中×××是参数的数据类型。要注意保证参数类型和参数值的一致。

（4）设置返回参数

利用 CallableStatement 对象的 registerOutputParameter( )方法注册返回参数。

任务准备

在 SQL Server2005 中新建查询，输入下面的语句。在 student 数据库中创建名为 addrprocc 的存储过程，该存储过程需要一个输入参数，参数的类型为 nchar。

```
//在 student 数据库中创建存储过程 addrproc
use student
```

```
go
create procedure addrproc
@address nchar(30)
as
select * from student where studaddr=@address
```

程序实现

```java
/**
 * ProcDemo 类，使用存储过程查询信息
 */
import java.sql. *;
import java.util. *;

public class ProcDemo {
  public static void main(String[] args) {
      // TODO 自动生成方法存根
   String address=null;  //存放输入的地址
   Scanner input=new Scanner(System.in);
   try{
    Connection con=DBconn.getConnection();  //获取数据库连接
    CallableStatement callst;  //CallableStatement 对象
    ResultSet rs;//结果集对象
    callst=con.prepareCall("{call addrproc(?)}");  //使用 Connection 对象的 prepareCall
                                                   //方法调用存储过程

    System.out.println("请输入要查找的地址");
    address=input.next();
    callst.setString(1, address);//设置输入参数
    rs=callst.executeQuery();  //执行存储过程
    //输出查询结果
    while(rs.next()){
      for(int i=1;i<=6;i++){
        System.out.print(rs.getString(i).trim()+" ");  //此处可以用循环是因为 student
                                                        //表的各个字段均是文本类型

      }
      System.out.println();
      }

  }catch(SQLException e){
      e.printStackTrace();
  }
 }
}
```

9.5 实战练习

1. 选择题

（1）假设已经获得 ResultSet 对象，那么获取第一行数据的正确语句是_____。

　　A. rs.hasNext( );　　　　B. rs.next( )　　　　C. rs.nextRow( )　　　　D. rs.hasNextRow( )

（2）JDK 中提供的_____类的主要职能是：依据数据库的不同，管理不同的 JDBC 驱动程序。

　　A. DriverManager　　B. Connection　　C. Statement　　　　D. Class

（3）_____用于执行 SQL 语句并将数据检索到 ResultSet 中。

　　A. Statement　　　　B. Connection　　C. ResultSet　　　　D. DriverManager

（4）_____用于保存数据库查询的结果集。

　　A. Connection　　　　B. Statement　　　C. ResultSet　　　　D. PreparedStatement

（5）假定已经获得一个数据库连接，使用 con 来表示。下列语句能够正确获得结果集的有_____。（选两项）

　　A.

　　Statement stmt=con.createStatement( );

　　ResultSet rs=stmt.executeQuery("Select ＊ from Table1");

　　B.

　　Statement stmt=con.createStatement("Select ＊ from Table1");

　　ResultSet rs=stmt.executeQuery( );

　　C.

　　PreparedStatement stmt=con.createStatement( );

　　ResultSet rs=stmt.executeQuery("Select ＊ from Table1");

　　D.

　　PreparedStatement stmt=con.createStatement("Select ＊ from Table1");

　　ResultSet rs=stmt.executeQuery( );

（6）给定如下 Java 代码片断，假定已经获得一个数据库连接，使用 con 来表示。要从表 FirstLevelTitle 中删除所有 creator 值为"张三"的记录（creator 字段的数据类型为 varchar），可以填入下画线处的代码是_____。

```
String strSql="delete from FirstLevelTitle where creator=?";
PreparedStatement pstmt=con.createStatement(strSql);
_____
```

　　A. pstmt.setString(0,"张三");　　　　　　B. pstmt.setString(1,"张三");

　　C. pstmt.setInt(0,"张三");　　　　　　　　D. pstmt.setInt(1,"张三");

（7）给定如下代码片断，假设查询语句为 selectid, creator from FirstLevelTitle，并且已经获得了结果集对象，使用变量 rs 表示。现在要在控制台上输出 FirstLevelTitle 表中各行的 creator 列的值（该列数据类型为 varchar），可以填入下画线处的代码是_____。(选两项)

```
While(rs.next()){
  String ss=_____;
  System.out.println(ss);
}
```

  A. rs.getString("creator");   B. rs.getString(1);

  C. rs.getString(2);   D. rs.getString(creator);

（8）JDBC 使用 SQL 操作数据库数据时，_____是必须捕获的异常。

  A. EOFException   B. SQLException

  C. InterruptedException   D. ArithmeticException

（9）_____类型的结果集，游标仅向前移动。

  A. TYPE_SCROLL_INSENSITIVE   B. TYPE_FORWARD_ONLY

  C. TYPE_SCROLL_SENSITIVE   D. TYPE_BACKWARD_ONLY

（10）使用_____方法，可以将 Java 驱动程序加载到 JVM。

  A. DriverManager 类的 getConnection()方法

  B. Class.forName()方法

  C. excuteQuery()方法

  D. excuteUpdate()方法

2．编程题

（1）在 SQL Server2005 中创建一个表 student，表结构如表 9-7 所示。

表 9-7   student 表的表结构

字 段 名 称	说　　明	数 据 类 型	大 小（Byte）
Id	序号	int	4
Name	姓名	varchar	50

向其中添加几条记录。编写程序，在控制台输出表中记录的总数，并输出每行数据，包括 Id 和 Name。

（2）在 SQL Server2005 中，创建数据库 Bank，编写 Java 程序，创建 user 表，如表 9-8 所示。

表 9-8   user 表的表结构

字 段 名 称	说　　明	数 据 类 型	大 小（Byte）
Id	序号	int	4
Name	姓名	varchar	50
Sex	性别	char	2
Money	余额	int	

同时创建新增用户的窗体，增加几条记录。

第10章 章 应用开发——机房计费系统

本章简介

前面我们系统学习了 Java 的基本概念和基础知识。在这一章中，我们使用一个完整的项目将前面的知识整合在一起，让大家理解前面各章所介绍的知识在一个完整的系统中是如何被使用的。这一章所介绍的项目是一个大学机房的计费系统。

10.1 项目概述

很多大学的学校机房都向学生开放，学生在课余时间可以去学校机房上机，完成老师布置的上机作业。当然，这也是需要额外收费的，所以，需要开发一个系统来完成学生在机房上机的收费管理。机房计费系统就是完成在大学中机房开放时的收费管理系统。这个系统包括以下几个功能。

① 保存学生账户中的预存金额。

② 上机操作，这时需要对学生的学号、上机的时间、所用计算机的机号进行登记。

③ 下机登录，需要记录学生的下机时间，并根据上机和下机时间，计算出花费的金额，并从存入的余额中扣除。

④ 如果账户中没有余额了，应该显示提示信息，就不能进行上机的登录了。

⑤ 正在使用的机器不能再被使用。

10.2 需求分析

根据 10.1 节主要的功能要求进行需求分析，其中主要包括上机操作和下机操作。

10.2.1 上机操作

① 当有学生上机时，根据学生的学号进行上机登记，并进行密码验证。

② 当密码不正确时，显示提示信息，不能完成上机操作。

③ 密码正确时，查询账户中的余额，当账户中没有余额时，显示提示信息，不能上机操作。

④ 在空闲的计算机集合中找到一台计算机让学生上机，将该机器状态置为不可用。

⑤ 记录学生上机的开始时间。

10.2.2　下机操作

① 当学生下机时，从非空闲的计算机集合中选择学生下机的那一台计算机机号，将这台机号转移到空闲机号集合中。

② 记录学生上机的开始时间和结束时间，并根据学号在相应的账户中扣除相应的费用。

10.3 数据库设计

在数据库设计中，需要保存的信息有学生账号、计算机信息、上机记录。

10.3.1　学生账号表（Card）

学生的账号信息包括学号、姓名、账号的密码和余额，如表 10-1 所示。

表 10-1　　　　　　　　　　学生账号表

字 段 名 称	说　　明	数 据 类 型	大小（Byte）
Id	学号，主键	字符型	10
password	密码	字符型	10
balance	余额	货币型	8
userName	学生姓名	字符型	10

10.3.2　计算机信息表（Computer）

计算机相关的信息包括计算机号、使用情况，如表 10-2 所示。

表 10-2　　　　　　　　　　计算机信息表

字 段 名 称	说　　明	数 据 类 型	大小（Byte）
id	计算机号，主键	字符型	10
onuse	是否被使用，使用为 "1"，否则为 "0"	字符型	10
notes	备注	字符型	10

10.3.3　上机记录表（Record）

每一个上机操作都会在这个表中增加一条记录，内容包括计算机号、学号、上机时间、下机时间、本次消费金额，如表 10-3 所示。

表 10-3 上机记录表

字 段 名 称	说 明	数 据 类 型	大小（Byte）
id	记录号，主键	字符型	10
cardId	学号	字符型	10
computerId	计算机号	字符型	10
beginTime	上机时间	日期时间型	8
endTime	下机时间	日期时间型	8
fee	消费金额	货币型	8

10.4 总体设计

10.4.1 系统接口界面设计

根据以上的需求分析，需要有以下几个类，其中界面类如下。

① 初始界面类包括欢迎界面和菜单，其中菜单包括【使用】、【帮助】和【退出】3 个主菜单项，【使用】菜单项又包括【上机】和【下机】两个子菜单项，参考界面如图 10-1 所示。

② 当单击【上机】菜单项时，显示上机操作窗口，如图 10-2 所示。

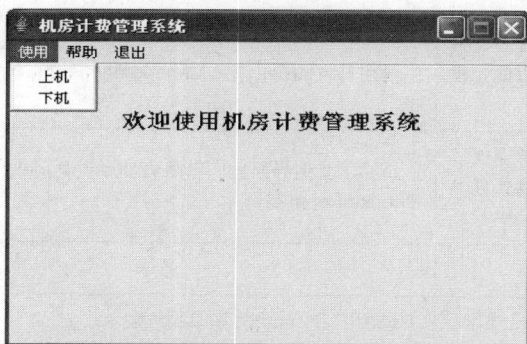

图 10-1 主菜单界面

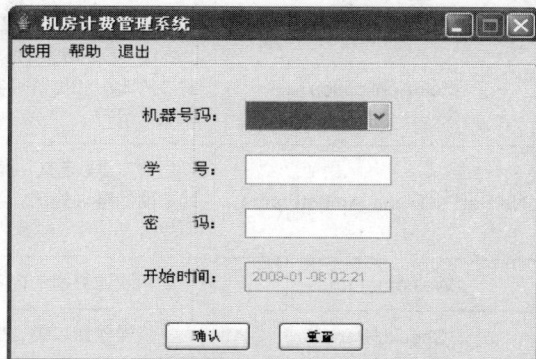

图 10-2 上机操作窗口

在这个窗口中，机器号码是直接从 Computer 表中读出的、没有被使用过的机器号，并通过下拉列表显示出来，供用户选择。开始时间则是根据当前的系统时间直接填入的。

③ 当单击【下机】菜单项时，显示下机操作窗口，如图 10-3 所示。

在这个窗口中，机器号是从 Computer 表中直接读出的、被使用的机器号，并通过下拉列表显示出来，结束时间也是由系统自动填入的。

④ 完成下机操作后，会显示一个信息窗口，窗口中包括这个同学这次的上机记录，如图 10-4 所示。

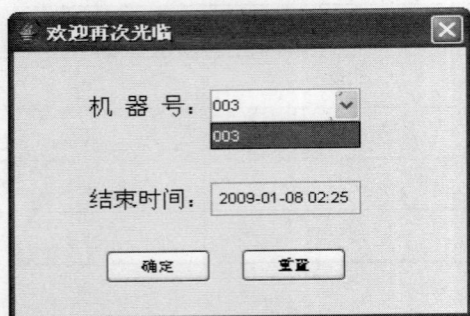

图 10-3　下机操作窗口

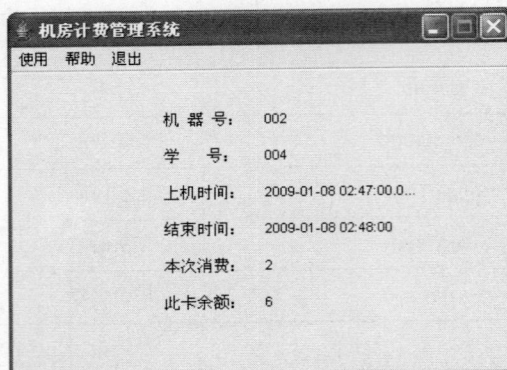

图 10-4　下机后信息显示窗口

这个窗口中的内容是根据 Record 表中的内容填入的，其中余额项是由 Card 表中的余额减去本次消费的金额而得到的。

⑤ about 窗口，即【帮助】菜单项的显示窗口，如图 10-5 所示。

这个窗口比较简单，但大部分软件都会有一个这样的窗口，用来显示一些帮助信息或者是版本信息。

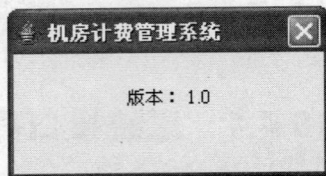

图 10-5　帮助菜单显示窗口

以上 5 个窗口类，加上主类、主窗口类、数据显示类，共有 8 个类来完成以上功能，如表 10-4 所示。

表 10-4　　　　　　　　　　　　　界面设计中的类

类　名	功能描述	调用关系
MainApplication	主类，程序执行的入口，并设置主窗口的大小和位置等参数，以便让程序正常运行	调用 NetBarFee 消息 ManagementFrame 类
NetBarFeeManagementFrame	主窗口类，定义了菜单项并完成了菜单项的事件处理，且在事件处理中调用了其他类	调用了其他界面类，包括 WelcomePanel，CheckInPanel 等
WelcomePanel	显示欢迎界面的内容	
CheckInPanel	上机操作窗口类，完成上机操作	调用了 Computer 和 Card 类
CheckOutDialog	下机操作窗口类，完成下机操作	调用了 Computer 和 Card 类
CheckOutResultPanel	显示下机操作结束后信息的界面类	调用了 ComsumeDisplayData
ComsumeDisplayData	显示包括 Card 表和 Computer 表中的余额在内的所有信息	调用了 Card 和 Computer 类
AboutDialog	显示帮助信息的窗口类	

10.4.2　实体类的设计

我们在前面章节的数据库应用中，为了提高代码的重用性，要保存到数据库中的数据通常以参数的形式传递给操作数据的方法。但是这种做法存在一定的弊端，如果一个数据表的字段有很多时，如 100 个字段，我们编写操作数据的方法时，将需要传递 100 个参数，这是不可思议的。从面向对象的角度考虑这个问题，我们可以把一个表中的所有字段封装到一个类里，传递给操作数据的方法的参数是这个类的一个实例就可以了。这里其实涉及了 JavaBean 的思想，有兴趣的读者可以去参阅相关的书籍。为了便于理解，将封装了数据表的所有字段的类称作实体类，而用实体类的实例作为参数操作数据的方法所在的类称作是数据库操作类。

机房计费系统有 3 个数据表，对应了 3 个实体类，如表 10-5 所示。

表 10-5　　　　　　　　　　　　　实体类

类　　名	功　能　描　述	调　用　关　系
Card	封装了 Card 表的所有字段，各个属性的 setter/getter 方法	被多个类调用
Computer	封装了 Computer 表的所有字段，各个属性的 setter/getter 方法	被多个类调用
Record	封装了 Record 表的所有字段，各个属性的 setter/getter 方法	被多个类调用

10.4.3　数据库操作类

对应 3 个实体类，有 3 个操作数据的类，同时还有一个完成数据库连接的公共类，如表 10-6 所示。

表 10-6　　　　　　　　　　　　　数据库操作类

类　　名	功　能　描　述	调　用　关　系
ConnectionManager	数据库的连接	被下面 3 个操作数据库类调用
CardDAO	对 Card 表的数据操作	调用 ConnectionManager
ComputerDAO	对 Computer 表的数据操作	调用 ConnectionManager
RecordDAO	对 Record 表的数据操作	调用 ConnectionManager

10.4.4　计算上机费用

通过上机时间计算上机费用的类，具体如表 10-7 所示。

表 10-7　　　　　　　　　　　　　计算上机费用的类

类　　名	功　能　描　述	调　用　关　系
BusinessAction	通过上机和下机的时间，计算本次上机的费用	被上机操作和下机操作类调用

10.5 代码分析

10.5.1 系统主类设计

主类是程序的入口。这个类将主要介绍如何计算窗口的位置，才能够使窗口放在屏幕的中心。

在该类的构造方法中，除了需要构造主菜单界面类的对象，调用主菜单项界面类外，还需要计算并设置窗口的位置，让窗口在屏幕的中心显示，具体程序如下。

```
public MainApplication() {
//调用主界面类
    NetBarFeeManagementFrame frame = new NetBarFeeManagementFrame();
    if (packFrame) {
      frame.pack();
    } else {frame.validate();}
//计算窗口的中心位置
//首先得到屏幕和窗口的大小，分别放在两个对象之中
    Dimension screenSize = Toolkit.getDefaultToolkit().
getScreenSize();
    Dimension frameSize = frame.getSize();
//计算屏幕的中间位置
//如果窗口比屏幕还要大，就把窗口当成和屏幕一样大
    if (frameSize.height > screenSize.height) {
      frameSize.height = screenSize.height;}
    if (frameSize.width > screenSize.width) {
     frameSize.width = screenSize.width;}
//设置窗口的位置，让它在屏幕的中心
    frame.setLocation((screenSize.width - frameSize.width) / 2,
                (screenSize.height - frameSize.height) / 2);
    frame.setResizable(false);    frame.setVisible(true);}
```

10.5.2 主界面的设计与实现

在系统的入口类（见 10.5.1 节）的构造方法里，生成了主界面类的实例，并将其居中显示。

主界面类主要用于菜单的实现和菜单项的事件处理。界面在 10.4 节的总体设计中已经介绍，可以根据学过的 Swing 组件的知识实现，在此不再赘述，重点介绍一下菜单项的事件处理。我们采用单独的类作为监听类，每个菜单项独享一个事件处理程序。下面以菜单项"上机操作"为例，介绍事件处理的整个过程。

首先，建立该菜单项的单击事件的监听类。

```
class MainFrame_jMenuCheckIn_ActionAdapter
    implements java.awt.event.ActionListener {
  NetBarFeeManagementFrame adaptee;
  MainFrame_jMenuCheckIn_ActionAdapter(NetBarFeeManagementFrame adaptee) {
```

```
      this.adaptee = adaptee;
    }
  public void actionPerformed(ActionEvent e) {
    adaptee.jMenuCheckIn_ActionPerformed(e);
  }
}
```

给【上机操作】菜单项注册监听：

```
jMenuCheckIn.addActionListener(new MainFrame_jMenuChec<In_ActionAdapter(this));
```

【上机操作】菜单项的事件处理程序：

```
  void jMenuCheckIn_ActionPerformed(ActionEvent e) {
    //构造上机操作的界面,并显示
    CheckInPanel useInPanel1 = new CheckInPanel(this);
    this.remove(this.getContentPane());
    this.setContentPane(useInPanel1);
    this.setVisible(true);
  }
```

其他菜单项的事件处理的过程是相同的，不再赘述。

10.5.3　数据库的连接

数据库的连接由 ConnectionManager 类完成，我们这里使用的是 JDBC-ODBC 桥的方式进行数据库连接。也就是说，首先我们应该设置数据源，这部分内容在数据库连接一章已经介绍过了，这里不再重复。在设置数据源时，数据源名称是 NetBarDataSource。注意，这些方法都是静态方法。

在注释中给出了用驱动程序直接连接数据库的方式。大家可以自己动手扩展，用另一种方式完成连接数据库的程序。

① 在构造方法中，完成了对于连接数据库字符串的设置，根据不同的连接方式，可以用不同的字符串设置。

```
public class ConnectionManager {
//设置连接数据库字符串,用 JDBC-ODBC 桥的方式连接
  private static final String DRIVER_CLASS =
      "sun.jdbc.odbc.JdbcOdbcDriver";
//设置连接数据源字符串 NetBarDataSource 是数据源名称
  private static final String DATASOURCE = "jdbc:odbc:NetBarDataSource";
//下面的程序段是用驱动程序直接连接数据库的方式
//  private static final String DRIVER_CLASS =
//      "com.microsoft.jdbc.sqlserver.SQLServerDriver";
//  private static final String DATABASE_URL =
//
"jdbc:microsoft:sqlserver://localhost:1433;DatabaseName=NetBar";
//  private static final String DATABASE_USRE = "sa";
//  private static final String DATABASE_PASSWORD = "sa";
```

② 数据库连接方法是用已经设置好的数据库连接字符串进行数据库连接。

```
public static Connection getConnection() {
    Connection dbConnection = null;
    try {
```

```
      Class.forName(DRIVER_CLASS);
//    dbConnection = DriverManager.getConnection(DATABASE_URL,
DATABASE_USRE,DATABASE_PASSWORD);

      dbConnection = DriverManager.getConnection(DATASOURCE);
    } catch (Exception e) {
      e.printStackTrace();  }
return dbConnection; }
```
③ 断开数据库连接的方法。
```
public static void closeConnection(Connection dbConnection) {
  try {
    if (dbConnection != null && (!dbConnection.isClosed())) {
      dbConnection.close(); }}
  catch (SQLException sqlEx) {
    sqlEx.printStackTrace();}}
```
④ 关闭结果集的方法。
```
  public static void closeResultSet( ResultSet res) {
    try {
      if (res != null) {
        res.close();}}
 catch (SQLException e) {
e.printStackTrace();}}
```
⑤ 释放数据库执行语句的方法。
```
public static void closeStatement( PreparedStatement pStatement) {
  try {
    if (pStatement != null) {
      pStatement.close();  }
  } catch (SQLException e) {
    e.printStackTrace(); }}}
```

10.5.4　实体类的实现

前面已经介绍过，该系统包括 3 个实体类。下面以 Computer 类为例，简单说明实体类的实现方法。

```
public class Computer implements Serializable {
      public Computer() {}
  private String id;//计算机号
  private String onUse;//是否被使用，使用为"1"，否则为"0"
  private String notes;//备注
//下面的方法将保存的数据返回给调用的类中使用
  public String getId() {
    return this.id; }
  public String getOnUse() {
    return this.onUse;}
  public String getNotes() {
return this.notes; }
```

```
//下面的方法保存了从数据库中读出的数据
  public void setId( String strId) {
    this.id = strId; }
  public void setOnUse( String strOnUse) {
    this.onUse = strOnUse; }
  public void setNotes( String strNotes) {
    this.notes = strNotes; }}
```

10.5.5　数据库操作类的实现

以 ComputerDAO 为例，介绍数据库操作类的实现方法。ComputerDAO 实现了从数据库 Computer 数据表中读取数据，并将数据保存在 Computer 类的对象中。

① 下面这个方法取得了所有被使用的计算机的机号，为下机操作提供了数据。

```
public  ArrayList getNoUsedComputerList() {
    ArrayList list = new ArrayList();
    Connection dbConnection = null;
    PreparedStatement pStatement = null;
    ResultSet res = null;
    try {
      dbConnection = ConnectionManager.getConnection();
      // 构造查询数据 SQL 语句字符串
      String strSql = "select * from computer where onuse!= '1'";
      if (dbConnection != null) {
        System.out.println(dbConnection != null);
      }
      //执行查询操作
      pStatement = dbConnection.prepareStatement(strSql);
      res = pStatement.executeQuery();
      while (res.next()) {
       //调用 Computer 类中的方法，将从数据库中读出的数据保存在 Computer 类的对象中
        Computer computer = new Computer();
        computer.setId(res.getString("id"));
        computer.setOnUse(res.getString("onuse"));
        computer.setNotes(res.getString("notes"));
        list.add(computer);}}
catch (SQLException sqlE) {
      sqlE.printStackTrace();}
finally {
      ConnectionManager.closeResultSet(res);
      ConnectionManager.closeStatement(pStatement);
      ConnectionManager.closeConnection(dbConnection);
    } //finally
     return list; }
```

② 下面这个方法，将修改 Computer 数据表中的 OnUse 项，对已经使用的计算机进行标记。

```
public  void recordOnUse( Computer computer) {
  Connection dbConnection = null;
```

```
PreparedStatement pStatement = null;
try {
//构造修改数据表语句的字符串
  String strSql ="update computer set OnUse =1 where id =(?) ; ";
//执行修改数据表语句
  pStatement = dbConnection.prepareStatement(strSql);
  pStatement.setString(1, computer.getId());
  pStatement.executeUpdate();
} catch (SQLException sqlE) {
  sqlE.printStackTrace();
} finally {
  ConnectionManager.closeStatement(pStatement);
  ConnectionManager.closeConnection(dbConnection);}}}
```

10.5.6　BusinessAction 类

这是一个单独的类，它主要完成根据上机和下机时间，计算本次上机费用和余额的功能。

1. 计算本次上机费用的方法

```
public static ComsumeDisplayData doStopUseComputerBusiness( Record rec) {
    RecordDAO dao = new RecordDAO();
    ComsumeDisplayData result = dao. getStopComputerRelationInfo(rec);
    Record record = result.getRecord();
    Card card = result.getCard();
    //计算本次上机的费用
    int fee = calFee(record.getBeginTime(), record.getEndTime());
    record.setFee(fee);
    int balance = card.getBalance() - fee;
    card.setId(record.getCardId());
    card.setBalance(balance);
//do databasechange
    RecordDAO dao2 = new RecordDAO();
    dao2.doDatabaseChangeAboutEndPlay(record, card);
    result.setRecord(record);
    result.setCard(card);
    return result;}
```

2. 计算账号余额的方法

```
private static int calFee( String beginTime,  String endTime) {
  int fee = 0;
  int beginYear = Integer.parseInt(beginTime.substring(0, FOUR));
  int beginMonth = Integer.parseInt(beginTime.substring(FIVE, SERVERN));
  int beginDay = Integer.parseInt(beginTime.substring(EIGHT, TEN));
  intbeginHour=Integer.parseInt(beginTime.substring(ELEVEN, THIRTEEN));
  int beginMinute = Integer.parseInt(beginTime.substring(FOURTEEN, SIXTEEN));
  int endYear = Integer.parseInt(endTime.substring(0, FOUR));
```

```
int endMonth = Integer.parseInt(endTime.substring(FIVE, SERVERN));
int endDay = Integer.parseInt(endTime.substring(EIGHT, TEN));
int endHour = Integer.parseInt(endTime.substring(ELEVEN, THIRTEEN));
int endMinute=Integer.parseInt(endTime.substring(FOURTEEN, SIXTEEN));
int playMinutes = 0;
playMinutes=((endYear-beginYear) *ONE_YEAR_DAYS*ONE_DAY_HOURS
            * ONE_HOUR_MINUTES
            + (endMonth - beginMonth) * ONE_MONTH_DAYS * ONE_DAY_HOURS
            * ONE_HOUR_MINUTES + (endDay - beginDay) * ONE_DAY_HOURS
            * ONE_HOUR_MINUTES + (endHour - beginHour) * ONE_HOUR_MINUTES
            + (endMinute - beiginMinute));
int modNum = playMinutes % ONE_HOUR_MINUTES;
int playHours = 0;
playHours = playMinutes / ONE_HOUR_MINUTES;
if (playHours == 0 || (modNum > FIVE && playHours > 0)) {
    playHours++; }
fee = playHours * 2;
return fee;}
```

10.5.7 上机操作功能的实现

在 10.4 节的总体设计里面,我们已经看到了上机操作的界面,界面虽然很简单,但是在这个界面上,我们要完成上机的操作,主要的功能如下:

≫ 卡号和密码的校验
≫ 卡的余额的检验
≫ 获取当前系统时间作为上机开始时间
≫ 记录上机操作
≫ 修改该机器的使用标志

实现的流程为:

构造窗体(通过 BusinessAction 类获取可用机器号集合)→生成 card 类实体→通过 cardDAO 类验证卡号和密码→通过 CardDAO 类验证卡的余额→生成 Record 类实体和 Computer 类实体→通过 RecordDAO 类记录上机操作→更改机器的使用状态。

【上机操作】的界面参见图 10-2。

1. 构造方法

上机操作各个组件放置在一个面板上,该面板仍显示在主窗体上,因此上机操作的类 checkInPanel 继承了 JPanel。在该类的构造方法中,生成界面上的各个组件,组件的代码不再详细解释,这里重点介绍在构造方法中如何生成可用机器号码的集合并添加到机器号的组合框中,如何使用系统当前时间作为上机时间。

组合框中显示的是所有状态为不在用机器的机器号,通过调用 BusinessAction 类的静态方法 getNotUsedComputerList( ),将所有在用的机器号列表放到 ArrayList 实例中,然后添加到机器号的组合框中。参考代码如下:

```
computerIdCombox.addItem("");
    ArrayList list =BusinessAction.getNotUsedComputerList();
```

```
for(int i=0;i<list.size();i++){
    Computer computer = (Computer) list.get(i);
    computerIdCombox.addItem(computer.getId());
}
```

以系统当前时间作为上机时间，将当前时间显示在不可更改的文本框中的代码为：

```
//获取系统时间
nowTime = new java.util.Date();
//设置时间格式
SimpleDateFormat HMFromat = new SimpleDateFormat("yyyy-MM-dd HH:mm");
String dispalyNowTime = HMFromat.format(nowTime);
//在文本框中显示时间
displayNowTimeTextField.setText(dispalyNowTime);
displayNowTimeTextField.setBounds(new Rectangle(175, 165, 110, 25));
//设置文本框为不可用
displayNowTimeTextField.setEnabled(false);
```

2.【确认】按钮的事件处理程序

生成界面后，用户输入学号和密码后，单击【确认】按钮，将验证学号和密码，验证卡内余额，确认是否可以上机，如果可以，将生成新的上机记录，并且修改选中机器的状态为"在用"。

这里的时间处理过程仍然采用单独的类作为监听类，每个按钮独享自己的时间处理程序，监听类的生成可参考 10.5.2 节的"菜单项"的事件处理过程，此处重点介绍【确认】按钮的单击事件处理程序。代码如下：

```
void confirmButton_actionPerformed(ActionEvent e) {
//定义 3 个 String 类型变量存储用户选择的机器号和用户输入的卡号和密码
String cardId="";
String passwordtemp = "";
String computerId ="";
cardId = cardIdTextField.getText().trim();
//因为 PassWordField 组件的 getPassword() 方法返回的是字符数组，将其转换为 String 类型并
//存放到 passwordtemp 中
for(int i=0;i<passwordField.getPassword().length;i++){
    passwordtemp += passwordField.getPassword()[i];
}
computerId = computerIdCombox.getSelectedItem().toString();
//如果没有选择机器号，弹出警告对话框
if(computerId==null || computerId.trim().length()==0){
    JOptionPane.showMessageDialog(this,"请选择机器号!","警告",
                    JOptionPane.WARNING_MESSAGE ,null );
    return ;
}
//验证卡号是否为空
if(cardId==null || cardId.length()==0){
    JOptionPane.showMessageDialog(this,"请输入卡号!","警告",
                    JOptionPane.WARNING_MESSAGE ,null );
    return ;
}
```

```
        //验证密码是否为空
        if(passwordtemp==null || passwordtemp.length()==0){
            JOptionPane.showMessageDialog(this,"请输入密码!","警告",
                            JOptionPane.WARNING_MESSAGE ,null );
            return ;
        }
        //将当前时间保存到 displayNowTime
        String displayNowTime = displayNowTimeTextField.getText() + ":00";
        //生成 Card 实体类的实例,并为各个属性赋值
        Card card = new Card();
        card.setId(cardId);
        card.setPassword(passwordtemp);
        //生成 Record 实体类的实例,保存上机记录
        Record record = new Record();
        record.setCardId(cardId);
        record.setComputerId(computerId);
        record.setBeginTime(displayNowTime);
        //生成 Computer 实体类的实例
        Computer computer = new Computer();
        computer.setId(computerId);
        //调用 BusinessAction 的相关静态方法,验证卡号的有效性,以及卡内余额和密码是否正确
        if(BusinessAction.cardIsValid(card)){
            if(BusinessAction.cardHaveBalance(card)){
               BusinessAction.doStartUseComputerBusiness(record,computer);
            }else{
               JOptionPane.showMessageDialog(this,"卡余额不足,请充值!","警告",
                                    JOptionPane.WARNING_MESSAGE ,null );
               return ;
            }
        }else{
            JOptionPane.showMessageDialog(this,"卡号或者密码不对!","警告",
                                JOptionPane.WARNING_MESSAGE ,null );
            System.out.println("卡号或者密码不对");
            return;
        }
        //上机操作成功后,在主窗体上显示欢迎界面
        WelcomePanel welcomePanel2 = new WelcomePanel();
        mainFrame.remove(mainFrame.getContentPane());
        mainFrame.getContentPane().add(welcomePanel2);
        mainFrame.setContentPane(welcomePanel2);
        mainFrame.setVisible(true);
}
```

3.【重置】按钮的事件处理程序

```
void resetButton_actionPerformed(ActionEvent e) {
  computerIdCombox.setSelectedIndex(0);
```

```
    cardIdTextField.setText("");
    passwordFiled.setText("");
    displayNowTimeTextField.setText("");
}
```

10.5.8　下机操作功能的实现

下机操作要实现如下功能：

> 选择被使用的机器号

> 获取系统当前时间作为下机时间

> 计算费用

> 扣费

> 记录下机时间和此次费用

> 修改该机器的状态为可用

> 显示交费信息

下机操作类为 CheckOutDialog.java，在这个类中，我们通过调用其他类的方法，完成下机操作的各个功能。下面简单介绍几个重要功能。

1．构造方法

构造方法中生成下机操作的对话框，对话框包含两个标签，一个组合框，一个显示当前事件的文本框，一个【确定】按钮，一个【重置】按钮。

各个组件的生成可以参考给定的代码，在此不再详细解释。下面重点说明组合框的数据添加和当前时间的获取。

组合框中显示的是所有在用机器的机器号，通过调用 BusinessAction 类的静态方法 getNotStopComputer()，将所有在用的机器号列表放到 ArrayList 实例中，然后添加到机器号的组合框中。

```
ArrayList list = BusinessAction.getNotStopComputer();//获得所有在用机器号
for (int i = 0; i < list.size(); i++) {
        Record computer = (Record) list.get(i);
        computerIdCombox.addItem(computer.getComputerId());
}
```

以当前时间作为下机时间，将当前时间显示在不可更改的文本框中的代码为：

```
nowTime = new java.util.Date();
SimpleDateFormat HMFromat = new SimpleDateFormat("yyyy-MM-dd HH:mm");
String strNowTime = HMFromat.format(nowTime);        checkOutTimeTextField.setText
(strNowTime);
checkOutTimeTextField.setBounds(new Rectangle(130, 100, 100, 25));
checkOutTimeTextField.setEditable(false);
```

2．【确定】按钮的事件处理程序

这里的事情处理仍然采用单独的类作为监听类，监听类的实现可以参考"菜单项"的事件处理，此处重点说明事件处理程序，参考代码如下：

```
void confirmButton_actionPerformed(ActionEvent e) {
    //记录当前时间为下机时间
```

```
    String stopTime = checkOutTimeTextField.getText() + ":00";
    //获得用户选择的下机的机器号
String computerId = computerIdCombox.getSelectedItem().toString().trim();
if (computerId == null || computerId.length() == 0) {
    return;
    }
    //生成 Record 类的对象，记录下机信息
  Record record = new Record();
  record.setComputerId(computerId);
  record.setEndTime(stopTime);
  //显示交费信息窗体
ConsumeDisplayData data = BusinessAction.doStopUseComputerBusiness(record);
mainFrame.consumeDisplayData = data;
 this.setVisible(false);
    }
```

3.【重置】按钮的事件处理程序

```
void resetButton_actionPerformed(ActionEvent e) {
  computerIdCombox.setSelectedIndex(0);
  checkOutTimeTextField.setText("");
}
```

4. 显示交费信息的窗口

单击【确定】按钮后，将会在主界面上显示该次上机的所有信息。显示界面参见图 10-4。显示信息的类为：checkOutResultPanel.java，请参照资源中给定的源代码，在此不再详细解释。

10.6 项目体会

在本章中，我们通过一个具体的项目，从设计到实现，系统地应用了我们学过的 Java 的相关知识，包括：

≥ 面向对象的编程思想
≥ 封装、重写、继承、接口
≥ swing 编程
≥ JDBC 编程

同时，我们看到在 Java 中，类构成了程序的框架，再通过类之间的调用关系，将程序的功能完整地组合到一起。在系统设计阶段，也就是类的设计阶段，应该把类的设计做得很细致，才能够在代码实现阶段做到事半功倍。同时，我们也看到这个实例中使用了很多不同的类来完成不同的功能，这也是类设计的一大原则。一个类只说清楚一件事，只完成一个功能，这样的类设计，才是比较规范的类设计。

参考文献

[1] 徐翠霞. JAVA 程序设计简明教程. 北京：北京航空航天大学出版社，2007.

[2] 北京阿博泰克北大青鸟信息技术有限公司. JAVA 面向对象程序设计. 北京：科学技术文献出版社，2005.

[3] 耿祥义. JAVA 基础教程. 北京：清华大学出版社，2004.

[4] 肖敏. JAVA 语言程序设计. 北京：电子工业出版社，2008.